AF325437

Conserve la Couverture

POUR

L'AVIATION

par

MM. D'ESTOURNELLES DE CONSTANT

P. PAINLEVÉ, le C' BOUTTIEAUX

et divers Collaborateurs.

L'ACTION PARLEMENTAIRE

LES DIRIGEABLES

LES AÉROPLANES

L'AVIATION ET LA SCIENCE

LA GUERRE ET LA PAIX

LE TOURISME AÉRIEN

LA NAVIGATION AÉRIENNE

40 illustrations hors-texte

LIBRAIRIE AÉRONAUTIQUE

32, rue Madame

— PARIS —

POUR L'AVIATION

8° V
33298

POUR
L'AVIATION

par

MM. D'ESTOURNELLES DE CONSTANT

P. PAINLEVÉ, le C* BOUTTIEAUX

et divers Collaborateurs.

LIBRAIRIE AÉRONAUTIQUE

— 32, rue Madame —

— PARIS —

BIBLIOTHÈQUE NATIONALE R.F.

Ce livre est un plaidoyer, un acte de foi et non un traité. L'aviation, malgré tout, rapprochera les hommes et les peuples, beaucoup plus qu'elle ne sera pour eux un nouveau moyen de combat ; c'est pourquoi dans l'un de nos derniers Bulletins de la *Conciliation Internationale*, nous l'avons appelée « l'Aviation inespérée », et c'est pourquoi, par ailleurs, je l'ai servie de toutes mes forces, intéressant à ses progrès les Assemblées locales, départementales et parlementaires où j'ai pu parler pour elle, interpellant le Gouvernement, saisissant la presse, l'opinion, terminant enfin ma campagne par ce volume où des collaborateurs d'élite sont venus, de leur côté, apporter leur contribution spéciale, indépendante, cela va de soi, de mes idées personnelles ; chacun d'eux n'étant responsable que de ce qu'il a signé, moi seul répondant de l'ensemble.

Tout d'abord, nous avons voulu rattacher l'aviation à son passé, à ses ancêtres, rappeler que ce rêve aujourd'hui réalisé a été le rêve de toujours, bien avant Dédale, sans doute, jusqu'à Léonard de Vinci et aux Montgolfier. Nous avons essayé de dresser la liste de ses précurseurs, tout au moins dans les temps modernes ; hélas, combien n'auront laissé aucune trace et sont ignorés, morts jusque dans la mémoire des hommes ! Ridiculisés de leur vivant, toute leur récompense aura été d'espérer, dans le secret de leur âme, que d'autres finiraient peut-être après eux par triompher.

C'est trop peu dire qu'un feu sacré doit animer l'inventeur ambitieux de servir les hommes et leur descendance malgré eux, et de les arracher à l'ignorance comme à la plus ténace des passions. Pendant des siècles et des siècles ce feu couve, il semble éteint, on n'y prend pas garde, mais il se transmet et tout à coup il se ravive et se propage. Aujourd'hui le problème de la direction des Ballons est résolu; bien plus, l'homme vole; déjà le Ballon est l'ancêtre de l'Aéroplane qui sera demain distancé. Il y a moins d'un an, Farman et Delagrange étonnaient le monde par des vols d'un kilomètre et demi, de deux kilomètres, lesquels presque aussitôt atteignaient et dépassaient vingt kilomètres. Six mois plus tard, à la fin du mois de décembre, devant nos yeux, dans mon pays natal de la Sarthe, au camp d'Auvours, Wilbur Wright, par un vol de plus de deux heures, franchissait 125 kilomètres; ou bien il emmenait un passager, M. Painlevé, et tous deux restaient une heure dans les airs; la nuit seule les décidait à redescendre à terre. Un autre jour il s'élevait à 110 mètres de hauteur, à perte de vue......

Je pense aux temps préhistoriques où l'homme s'est, pour ainsi dire, détaché du sol et dressé debout, libérant ses bras pour les consacrer au travail; au temps où il a conquis la terre, le feu, l'eau, l'océan, les mondes; une dernière servitude attachait son corps à la terre, alors que sa pensée et sa volonté affranchies, et même sa voix, voyageaient déjà sans obstacle au-dessus de l'écorce du Globe ; mais voici que l'air désormais lui appartient : l'émancipation est complète. Que pèsent, dès lors, tant de siècles de souffrances et de catastrophes devant cette suprême conquête ? qu'importe l'éternel rire des sceptiques ? Hâtons-nous de prendre acte et de profiter des résultats enfin acquis.

*

Mes interventions en faveur des aviateurs ne sont pas, je l'ai indiqué, tout à fait désintéressées. Certes l'admiration qu'ils m'inspirent aurait suffi pour mobiliser mes forces à leur profit ; je ne les admire pas seulement, je les aime, pour leur intrépidité et pour leur douceur, pour le courage silencieux dont ils bravent à la fois le danger et les préventions ; je n'en connais pas un, parmi eux, qui ne soit modeste et simple, juste l'opposé des hâbleurs et des bravaches que j'ai combattus toute ma vie. Mais il y a plus, l'aviation apporte un argument décisif à l'appui de mes convictions ; elle entre dans le programme de régénération nationale que plusieurs de mes amis et moi, tant au Parlement que devant l'opinion, nous soutenons depuis des années. Les aviateurs, sans le vouloir, sont les réalisateurs de nos rêves. Nos efforts ne s'éparpillent pas, ils se concentrent à leur service, pour franchir une étape nouvelle.

Notre première étape fut nationale ; elle échappa par là plus ou moins aux railleries et aux attaques. Dans toutes les régions de la France, fidèles à notre méthode d'agitation bien déterminée, nous travaillâmes d'abord à éveiller une ambition économique. C'était là pour nous le salut.

Mettre en valeur nos incomparables ressources, utiliser nos forces perdues, dénoncer toutes nos causes de paralysie, telle fut notre tâche volontaire, suivie sans éclat mais sans défaillance, comme la plus laborieuse des études préparatoires, pendant cinq années. Agriculture, Travaux publics, Enseignement, Commerce, Transports, rien ne fut négligé, dans cette campagne, de ce qui pouvait augmenter les ressources et, par là, les forces de notre pays. Que seraient, en effet, les forces d'un pays dont les richesses naturelles resteraient stériles ? La défense nationale était la bénéficiaire directe de notre propagande, et les soi-disant « patriotes » qui nous donnent de hautaines leçons auraient peut-être appris beaucoup en commençant par suivre les nôtres.

Mais par là même qu'il était vraiment national, notre programme devait naturellement s'appliquer à d'autres pays. Que demandions-nous ? Une bonne organisation de la production française, une bonne organisation du travail. N'est-elle pas nécessaire à tous les Etats ? ou, plutôt, il n'y a pas d'organisation durable du travail dans un État si cette organisation n'est pas généralisée ; il faut que chacun travaille pour que tout le monde travaille ; sinon c'est le désordre, l'insécurité. Développer la prospérité nationale à la faveur des bonnes relations internationales, telle fut la formule que nous proposâmes de région en région, de pays en pays, sans jamais rencontrer un contradicteur sérieux, encouragés toujours, au contraire, et partout, par un intérêt unanime et je dirai même identique dans toutes nos réunions. Notre campagne pour la conciliation et l'arbitrage n'a été que le complément de nos efforts à l'intérieur ou, pour mieux dire, cette campagne n'a porté ses fruits qu'en raison des racines qu'elle poussait dans chaque pays chacun apercevant peu à peu que son intérêt particulier, local et national ne pouvait être bien servi dans le désaccord général.

Il nous fut aisé de constater que des liens innombrables s'établissent entre les peuples à mesure que leurs communications se multiplient ; l'ignorance seule les met aux prises. En réclamant partout des transports nouveaux, plus nombreux, plus perfectionnés, sur terre, sur mer, par chemins de fer et par canaux, en facilitant les échanges, la circulation, nous ne prétendons pas rendre la guerre impossible ; il faut hélas toujours compter que les peuples, comme les individus, peuvent se laisser duper par l'intrigue, l'erreur ou la folie ; nous ne promettons pas la paix universelle et perpétuelle, laquelle n'existe pas plus que le bonheur parfait, mais nous gagnons chaque jour un peu plus de stabilité, un peu plus d'ordre. Le progrès de la circulation générale ne peut se concilier avec l'incertitude du lendemain. En régularisant la circulation nous supprimons les mauvais coups, ou du moins nous les rendons insupportables à tous ; un seul étant visé, tous les autres se trouvent atteints. Les Etats ne peuvent plus se désintéresser d'une perturbation qu'il est impossible de localiser. De même que l'accident d'un train arrête tous les autres trains sur une même ligne, de même la rupture des relations entre deux Etats compromet l'ensemble des relations universelles et, par conséquent, le commerce, la production, la vie de chacun.

S'il est vrai que le progrès des communications nationales et universelles entraîne de telles conséquences, comment ne pas applaudir au succès de l'aviation, le transport suprême? Comment ne pas voir dans ce succès autre chose et plus que l'ouverture d'une route nouvelle, la route invisible de l'air? Comment n'y pas voir le commencement des temps meilleurs que l'humanité appelle si vainement, il est vrai, depuis tant de siècles, mais ne s'est jamais lassée d'appeler.

Seuls les heureux de ce monde croient volontiers à la vanité de nos rêves, seuls ils prennent aisément leur parti d'une société qui s'en tiendrait à leur garantir toute satisfaction personnelle, mais ces égoïstes sont quelques poignées de réfractaires dans l'universel entraînement et sous l'universelle poussée de l'opinion.

Oui, tout est grand, tout nous sert dans l'aviation, quoiqu'on fasse; qu'on l'utilise

pour la guerre ou pour la paix, elle vole
à son but.

N'eût-elle que cet avantage d'élargir
l'horizon des peuples, de leur découvrir la
supériorité de la science, de leur faire
comprendre qu'en dépit des niaises défiances du chauvinisme, il n'existera jamais
trop de nationalités diverses pour aboutir
au bienfait d'une seule découverte, et qu'il
faut des Wright, des Lilienthal, des Ader,
des Farman, des Santos-Dumont, des
Blériot, des Américains, des Allemands,
des Français, des Italiens, des Anglais,
des Brésiliens, de bons citoyens enfin de
tous les pays pour conquérir un progrès
nouveau. L'opinion ne s'y trompe pas.
Elle ignore encore ce que donnera l'aviation, si elle supprimera les douanes, abais-
sera les frontières, paralysera dans leur
agression les flottes et les armées, mais elle
comprend que la chimère n'est plus du côté
des aspirations de la science ; elle comprend qu'un pays ne peut plus sans contra-
diction s'ouvrir à l'aviation et se fermer à la
paix ; elle comprend que le paradoxe à
présent ce n'est plus la paix, c'est la guerre.

C'est pour l'affermir dans cette conviction raisonnable, et pour continuer à servir les vrais intérêts de notre pays, si bien d'accord avec les intérêts de tous, que nous publions ce livre.

C'est un devoir que nous remplissons; d'autres reprendront demain la même tâche; car il en est de l'aviation comme de toutes les œuvres humaines, elle n'est que la suite d'efforts incessants et qu'un acheminement à d'autres progrès.

D'Estournelles de Constant.

Créans, Février 1909.

CHANSON DE LOUISON

[illegible]
[illegible]
[illegible]
[illegible]
[illegible]
[illegible]

[illegible]
[illegible]
[illegible]
[illegible]

Expérience aéronautique faite à Versailles le 19 Septembre 1783, en présence de Leurs Majestés, de la famille Royale
et de plus de 130.000 spectateurs, par MM. de Montgolfier.   (Cliché Neurdein)

Liste des Précurseurs

I° BALLONS SPHÉRIQUES

Joseph Michel et Etienne de Montgolfier. — ANNONAY, 5 Juin 1783 : Ire ascension de Montgolfière non montée ; PARIS, 19 Septembre 1783 : Ire ascension avec des animaux ; LYON, 5 Janvier 1784 : 3e ascension d'aéronautes.

Pilâtre de Rozier et le Marquis d'Arlandes. — PARIS, 21 Novembre 1783 : Ire ascension d'aéronautes avec une Montgolfière.

Le physicien Charles (*inventeur du filet, de la soupape, du lest, etc.*) **et les frères Robert.** — PARIS, 27 Août 1783 : Ire ascension non montée au gaz hydrogène ; PARIS, Ier décembre 1783 : 2e ascension d'aéronautes (la Ire au gaz hydrogène).

Minkelers, *Professeur à l'Université de Louvain*. — Parc du Château du Duc d'Aremberg, 21 Novembre 1783 : Expérience d'ascension non montée au gaz d'éclairage.

Mme Tible. — Lyon, 24 Juin 1784 : 1re ascension de femme aéronaute.

Xavier de Maistre. — Chambéry, ascension du 6 Mai 1784.

Lunardi. — Londres, ascension du 14 septembre 1784.

Blanchard et le Dr Jeffries. — Douvres à Calais, traversée de la Manche : 7 Janvier 1785.

Romain et Pilâtre de Rozier. — Boulogne : Essai de traversée de la Manche (catastrophe du 15 Juin 1785).

Dr Potain. — Dublin, 17 Juin 1785 : Essai de traversée du canal St-Georges (Angleterre).

Coutelle et Conté. — Bataille de Fleurus, 26 Juin 1794 : 1er emploi d'un aérostat captif militaire l'*Entreprenant* sur le champ de bataille.

Robertson et Lhoest. — Hambourg, 18 Juillet 1803 : 1re ascension scientifique en ballon libre, sur l'*Entreprenant*, de Coutelle et Conté.

Biot et Gay-Lussac. — Paris, 20 Août 1804 : 2e ascension scientifique ; 16 Septembre 1804 : 3e ascension scientifique par Gay-Lussac, seul.

Henri Giffard, Louis Godard, Eugène Godard, Jules Godard, Mme Fanny Godard, Félix T. Nadar, Gaston et Albert Tissandier, Camille Flammarion, etc. — De 1850 à 1870 : Nombreuses ascensions en vue de perfectionner la navigation aérienne, ou de recherches scientifiques et d'applications pratiques.

Gabriel de la Landelle. — 1850 à 1870 : Nombreuses publications de vulgarisation de l'aéronautique.

Les aéronautes du siège de Paris. — 68 ballons sortis de Paris du 4 Septembre 1870 au 28 Janvier 1871. Emploi de pigeons voyageurs.

Duté-Poitevin et Ch. de Hauvel. — Cleuville près Yvetot, 20 Octobre 1881 : Expériences concluantes pour l'application de leur théorie sur la conduite d'un aérostat en vue de réduire les oscillations verticales de l'appareil.

Wilfrid de Fonvielle et Brissonnet. — Paris, 25 Janvier 1882 : Etude scientifique d'un brouillard intense subsistant depuis 3 semaines sur Paris.

Marquis de Dion. — Paris, 25 Février 1883 : 1re réalisation d'ascension à long parcours et de longue durée : 482 kilomètres en 11 heures.

Hervé et Lair. — Paris, 2 et 3 Octobre 1884 : 2e réalisation d'ascension à long parcours et de longue durée : 440 kilomètres.

G. Yon, Capazza et Hermite. — Paris, 17 Septembre 1892 : 1res expériences de ballons-sonde.

Dr Emile Reymond et Tripet et de la Vaulx. — PARIS, 20 Juillet 1892 : 1res expériences physiologiques (aérostation médicale).

Dr Bergson. — BERLIN, 4 Décembre 1894 : Remarquables expériences en hauteur : 9150 mètres (- 47° 9 au-dessous de zéro).

Hermite et Besançon. — PARIS, 1897 : Expérience du ballon-sonde l'*Aérophile*, 15.500 m. (- 66°).

Lhoste et Mangot. — 9 Septembre 1883 : Traversée de la Manche avec un matériel aéronautique de flottement au-dessus des eaux.

Hervé. — 13 Septembre 1886 : Expériences sur la Mer du Nord de déviateurs, stabilisateurs et compensateurs.

Andrée, Fraenkel et Strindberg. — SPITZBERG, 11 Juillet 1897 : Tentative d'expédition au Pôle Nord à bord du *Svensksund*.

Teisserenc de Bort. — Explorations de la haute atmosphère par ballons-sonde.

H. de la Vaulx. — Du 9 au 11 Octobre 1900 : Voyage aérien de France en Russie. — (Paris à Korostchew, 1,925 kilomètres).

Hervé et H. de la Vaulx. — 12 Octobre 1901 : Reprise des expériences en mer avec les appareils perfectionnés de Hervé.

Dr Hergesell. — STRASBOURG, 1904-1908 : Nombreux sondages et ascensions scientifiques.

2° DIRIGEABLES

Blanchard. — Paris, 2 Mars 1784 : Essai infructueux.

Général Meusnier. — Paris, 24 Janvier 1784 : Première théorie des dirigeables (forme allongée du ballon, ballonnets compensateurs, emploi d'un propulseur hélicoïdal) servant de point de départ aux essais ultérieurs.

Alban et Vallet. — Versailles, 17 Septembre 1785 : Essais de direction des ballons au moyen d'hélices.

Bon Scott de Martinville, officier français. — 1789 : Première théorie du ballon planeur dirigeable (complément de la théorie de Meusnier).

Ch. Guillié. — 1816 : Théorie d'un ballon planeur dans lequel un système de poulies permettrait de faire varier l'inclinaison de l'appareil.

Dupuis-Delcour. — Montjean près de Paris, 7 Novembre 1824 : Essai infructueux.

Edmond-Charles Génet. — 1825 : Projet de Dirigeable à aubes actionnées par un manège à chevaux.

Dr Berrier et Cte de Lennox. — Paris, 17 Août 1834 : Essai infructueux du dirigeable l'*Aigle*.

Eubriot. — PARIS, Octobre 1839 : Essai infructueux.

Dr Van Hecke. — BRUXELLES, 27 Septembre 1847 :
Expérience d'aérostat montant et descendant à volonté
au moyen d'hélices ascensionnelles.

Jullien. — PARIS, 6, 7 et 10 Novembre 1850. —
Petit aérostat en fuseau de 7 mètres de long, à hélice
actionnée par un mécanisme d'horlogerie, expérimenté
avec succès à l'hippodrome de Paris.

Henri Giffard. — PARIS, 24 Septembre 1852 :
Expérience d'aérostat allongé, avec hélice actionnée
par moteur à vapeur.

Dupuy de Lôme, Zedé et Yon. — VINCENNES,
2 Février 1872 : Expérience de ballon dirigeable avec
hélice actionnée par 8 hommes.

Haenlein. — BRÜNN (Moravie), 13 Décembre 1872 :
Ballon dirigeable captif.

Gaston et Albert Tissandier. — PARIS, 1881 :
(Exposition d'électricité) petit aérostat dirigeable, moteur électrique ; PARIS, 8 Octobre et 26 Novembre
1883 : Expériences avec un grand aérostat établi sur le
modèle de celui de l'Exposition.

Les frères Renard, Arthur Krebs et La Haye.
1884 et 1885 : PARC DE CHALAIS-MEUDON : Expériences
des capitaines Charles Renard et Krebs sur le dirigeable
La France. 1er voyage en circuit fermé.

Santos-Dumont. — Nombreuses expériences en ballon
dirigeable ; gagnant du prix Deutsch (de la Meurthe)
pour le parcours St-Cloud - Tour Eiffel - St-Cloud
(19 Octobre 1901).

Bradsky et Sévero. — 1902 : Catastrophes avec des ballons dirigeables de leur invention : le premier à Gonesse parce que la nacelle était mal attachée, le second, Avenue du Maine, à Paris parce que le moteur était trop près du ballon.

Lebaudy, Julliot. — Essais très concluants sur le dirigeable *Le Jaune* construit sur un type original (1902-1905). Premières expériences d'utilisation militaire des dirigeables (1905). Affectation du dirigeable à la Défense nationale. Construction des dirigeables *la Patrie, la République, la Liberté.*

Organisation du service des ballons dirigeables militaires. — Commandants BOUTTIEAUX et VOYER.

Wellman. — Tentative d'expédition au Pôle Nord.

De la Vaulx. — Expériences avec un petit modèle de ballon dirigeable.

Deutsch (de la Meurthe), (SURCOUF et KAPFERER, constructeurs). — *La Ville de Paris*, construit d'après les dernières idées du Colonel RENARD. Expériences très satisfaisantes et don de ce dirigeable à la Défense nationale.

Construction du dirigeable militaire *Le Colonel Renard,* 1908.

Construction du dirigeable *La Ville de Bordeaux.*

Bayard Clément (ASTRA et CLÉMENT, constructeurs). *Le Bayard Clément*, construit en 1908, sur le type *Ville de Paris*, perfectionné en plusieurs points.

3° PLUS LOURDS QUE L'AIR

(*a*) ORNITHOPTÈRES

(Appareils à ailes battantes, imitation directe de l'oiseau)

Léonard de Vinci. — 1500 : Plans d'appareils à voler.

Besnier (de Sablé-sur-Sarthe). — 1678 : Description d'un appareil à ailes battantes.

J.-A. Borelli. — ROME 1680 : « De motu animalium ».

Bartholomeo Gusmao. — LISBONNE, 1709 : Construction d'une machine à voler.

Marquis de Bacqueville. — PARIS, 1742 : Tente de traverser la Seine, en se jetant de la terrasse de son hôtel (coin de la rue des Saints-Pères).

Blanchard. — PARIS, 1781 : Construction d'un chariot volant.

C.-F. Meervolin. — GIESSEN 1781 : « Die kunst zù fliegen nach art der Vögel ». Construit et essaie un appareil.

Jacob Degen. — Vienne (Autriche), 12 Novembre 1808 : Expérimente avec succès des ailes de son invention ; Paris, 16 Juin 1812, 7 Juillet 1812, 5 Octobre 1812 : Expériences infructueuses à Paris.

F. Von Drieberg. — Berlin 1845 : Inventeur du Dädaleon, nouvelle machine à voler.

Brooklyn. — New-York, 1863 : Expériences publiques de planement avec ailes battantes.

Bourcart. — 1866 : Ailes battantes.

Première Exposition d'Aviation. — Londres, 1868 : Organisée par l'*Aéronautical Society Of Great Britain*. Présentation de plusieurs modèles intéressants : Palmer, Kaufmann, etc.

Dʳ Hureau de Villeneuve et Penaud. — Paris, 20 Juin 1872 et 27 Novembre 1874 : Expériences mécaniques décisives sur le vol imité des oiseaux.

De Groof. — 29 Juin 1874 : Cremorne Gardens, Londres, est détaché d'un ballon et se tue.

Marey. — 1874 : Etudes expérimentales et chromophotographie du vol des oiseaux. Point de départ des expériences ultérieures.

Gauchot, Tatin, Jobert. — Paris, 1874 : Expériences mécaniques sur le vol imité des oiseaux.

Alphonse Penaud (seul). — Paris, 3 Décembre 1875 : Expériences mécaniques sur le vol imité des oiseaux.

Dʳ Hureau de Villeneuve (seul). — Paris, 15 Janvier 1876 et 31 Mai 1887 : Expériences mécaniques sur le vol imité des oiseaux.

Exposition de Paris, 1889. — Premier Congrès d'Aviateurs. Président : M. Janssen. Fixation de la terminologie usitée aujourd'hui.

Pichancourt. — 1889 : Nombreux modèles de jouets volants.

G. Trouvé. — 1891 : Appareil à voler actionné par des explosions successives d'un mélange gazeux (hydrogène et oxygène).

Emile Veyrin. — PARIS, 1892 : Appareil à démonstration de navigation aérienne, actionné par des ressorts.

(b). HÉLICOPTÉRES

(Appareils à voler avec des palettes ou hélices à axe vertical).

Launoy et Bienvenu. — PARIS, 28 Avril 1784 : 1er plus lourd que l'air qui ait volé. Petit hélicoptère présenté à l'Académie des Sciences de Paris. (ressort de baleine.)

Marc Seguin (neveu de J. de Montgolfier). — 1849 : Hélicoptère.

Joseph Pline. — 1858 : Petit hélicoptère à doubles hélices mues par un ressort d'horlogerie.

Ponton d'Amécourt et Joseph. — 6 Août 1863 : Expériences concluantes d'un petit hélicoptère à vapeur.

Félix T. Nadar. — Longues campagnes en faveur du plus lourd que l'air soulevé par la « Sainte Hélice ». Fondateur de « l'Aéronaute », premier journal aéronautique qui a vaillamment soutenu les précurseurs de son temps et qui a fait naître des émules dans les principaux pays, en Angleterre d'abord, puis en Allemagne.

Enrico Forlanini. — ROME, Décembre 1877 : Expérience réussie d'un petit hélicoptère à vapeur surchauffée, pesant 4 kilos.

P. Castel. — PARIS, 1877 : Essais d'hélicoptère à air comprimé.

Dandrieux, industriel. — PARIS, 1879 : Vulgarisation d'hélicoptères jouets.

Phillipps (Horatio). — 1892 : Essai d'un hélicoptère à palettes.

Les frères Dufaux. — GENÈVE, 1905 : Expérience réussie d'un hélicoptère de 17 kilos, avec moteur à essence.

Bréguet. — 1907-1908 : Près de Douai, expériences d'un hélicoplane pouvant porter un homme.

(c). PLANEURS

CERFS-VOLANTS ET PARACHUTES

AÉROPLANES (*Appareils composés de surfaces entraînées avec rapidité dans l'air au moyen d'hélices à axe horizontal*).

Léonard de Vinci. — 1495 : Croquis avec description d'un parachute.

Faust Veranzio. — 1617 : Publie à Venise un ouvrage scientifique où il décrit un parachute.

Franklin et de Romas. — PARIS 1752 : Le cerf-volant permet à Franklin de faire les fameuses expériences qui le conduisirent à l'invention du paratonnerre.

Joseph Michel de Montgolfier. — 1783 : Essai de parachute non monté.

Sebastien Lenormand. — MONTPELLIER, décembre 1783 : Expérience montée d'un parachute au moyen duquel l'inventeur se jeta du haut de la tour de l'Observatoire de Montpellier.

Blanchard. — PARIS, 1783 : Essais de parachutes avec des animaux.

Jacques Garnerin. — PARIS, 22 Octobre 1797 : Première descente en parachute monté par l'aéronaute. (1.000 mètres de chute).

Claude Ruggieri. — MARSEILLE 1806 : Expériences de parachute avec des animaux.

Sir G. Cayley. — ANGLETERRE, 1809 : Théorie et projet d'aéroplane. — 1810 : Théorie du parachute à cône renversé.

Cocking. — LONDRES, 27 Septembre 1836 : Expérience de parachute selon la théorie de Sir G. Cayley. Catastrophe.

Henson. — ANGLETERRE, 1843 : Aéroplane à vapeur ; expériences infructueuses. Premier véritable projet d'aéroplane réalisé.

Letürr. — ANGLETERRE, 27 Juin 1854 : Expérience de planement où il trouva la mort.

Joseph Pline. — Paris, 1855 : Expériences concluantes de planement avec les petits appareils en papier appelés *Papillons de Pline*, lesquels ont démontré d'avance qu'un aéroplane dont le moteur s'arrête ne tombe pas mais descend en planant avec une vitesse uniforme pour atterrir parallèlement au sol.

Jean-Marie Le Bris. — Trefeunctec près de Douarnenez, 1857 et Brest, 1868 : Expériences concluantes de planement.

Félix et Louis du Temple. — Paris, 1857 : Expériences concluantes de planement avec de petits modèles actionnés par un mécanisme d'horlogerie ; Expériences infructueuses avec un grand appareil.

Jullien. — Paris, 1858 : Expériences de planement avec moteur en caoutchouc.

Carlingford. — 1858 : Publie la 1re théorie du vol du départ.

Wenham. — Londres 1866 : Planeur à multiples surfaces.

Ch. de Louvrié. — Paris, 1868 : Publie la 2e théorie du vol du départ.

Stringfellow. — Angleterre, 1868 : 1er Projet de Biplan.

A. Penaud. — Paris, Août 1871 : Essai réussi d'aéroplane à hélice. (Ressort de caoutchouc).

Moy, Shill. — Angleterre, 1874 : Expériences d'aéroplanes, biplans et monoplans.

Wilhelm Kress, *Ingénieur autrichien.* — 1877-1902 : Invente et construit plusieurs systèmes d'aéroplanes mécaniques.

Hargrave. — Sidney (Australie), 1890 : Inventeur du Cerf-Volant cellulaire et d'une vingtaine de modèles tous réussis.

Capazza. — Paris 11 Juillet 1892 : Expérience de ballon-parachute.

Baden-Powell. — 1894 : Expérience d'un cerf-volant.

Sir Hiram Maxim. — Angleterre. 1890-1895 : Aéroplane de 4.000 kilog., machine à vapeur de 300 chevaux.

Lilienthal. — Allemagne, 1891-1896 : Nombreuses et décisives expériences de vol plané (plus de 2.000) ; 1re application de la théorie de Louvrié. Catastrophe du 9 Août 1896.

Octave Chanute, Herring et Avery. — 1896-1897 : Lac Michigan (Amérique) : Expériences de vol plané.

Tatin et Richet. — 1896 : Expérience d'un aéroplane de 33 kilos, à vapeur, à Carqueiranne sur la Méditerranée (140 mètres).

Pilcher. — Angleterre : Expériences d'après Lilienthal. Catastrophe du 30 Septembre 1899.

Professeur S. P. Langley. — Sur le Potomac près de Washington, 28 Novembre 1896 : Expériences d'un modèle d'aéroplane à vapeur de 13 kilogs (1.200 m.). En 1903 : Tentative de construction d'un aéroplane portant un homme.

Wise. — 1897 : Invente un nouveau cerf-volant.

Ader. — PLATEAU DE SATORY, 14 Octobre 1897 :
Expériences de vol plané, avec aéroplane à vapeur
portant un homme, pour le compte du Ministère de
la guerre et devant ses représentants.

Mlle K. Paulus. — FRANCFORT-SUR-LE-MEIN, 1900 :
Nombreuses expériences de descente en parachute.

Frères Wright. — DAYTON (Amérique), 1900-1903 :
Expériences de vol plané d'après Lilienthal et Chanute.
Expériences d'aéroplanes avec moteurs (tenues secrètes).

Capitaine Ferber. — NICE, 1898-1904 : Expériences
de vol plané d'après Lilienthal, Chanute et les frères
Wright. Nombreux travaux de propagande.

Archdeacon Ernest. — BERCK-SUR-MER, 1904 :
Expériences de vol plané d'après Lilienthal, Chanute et
Wright, avec la collaboration de Gabriel Voisin et de
Ferber.

Archdeacon et Voisin. — PARIS, 8 Juin 1905 :
Expérience de M. Voisin, aéroplane remorqué sur la
Seine entre les ponts de Billancourt et de Sèvres.

Archdeacon. — EVIAN, Septembre 1905 : Expériences
d'aéroplane sur le lac de Genève avec l'assistance de
Voisin.

Santos-Dumont (moteur Antoinette). — BAGATELLE,
11 Novembre 1906 : Vol avec aéroplane (220 mètres).

Lt Selfridge, (Américain). — Inventeur d'un nouveau
cerf-volant. Trouve la mort dans la catastrophe sur-
venue au cours des expériences d'Orville Wright en
Amérique. (1908).

L'Aigle

Montgolfière de 14 000 m. c., construite par Eugène Godard (1864).

Farman, (constructeurs : les frères **Voisin**. Moteur Antoinette). — PARIS, 13 Janvier 1908 : Vol avec aéroplane biplan cellulaire (1.200 mètres), gagnant du prix Deutsch (de la Meurthe)-Archdeacon ; gagnant du prix de la hauteur. — ISSY, 6 Juillet 1908 : gagnant du prix Armengaud du quart d'heure. — CHALONS à REIMS, 30 Octobre 1908 : 1er voyage en aéroplane.

Blériot Louis (moteur Antoinette). — ISSY-LES-MOULINEAUX, 6 Juillet 1908 : Vol avec aéroplane monoplan (8 minutes) ; TOURY-ARTENAY et retour, 31 Octobre 1908, 1er voyage en circuit fermé.

Delagrange, (constructeurs : les frères **Voisin**. Moteur Antoinette). — 1908 : Nombreux vols en aéroplane biplan cellulaire, notamment le 31 Mai 1908 à Rome, les 22, 23 Juin à Milan.

Esnault-Pelterie (Robert). (Moteur Esnault-Pelterie). — 1908 : Nombreux vols avec un aéroplane monoplan.

Capitaine Ferber. — Août 1908 : Vol avec aéroplane à Issy-les-Moulineaux.

Wilbur Wright. — Démonstration publique des expériences faites antérieurement en secret en Amérique. — Champ de courses des Hunaudières au Mans et camp d'Auvours, 1908 : Nombreux vols avec passager ; record de l'heure et de la distance, (plus de 2 heures et de 100 kilomètres), en aéroplane ; gagnant du prix de la hauteur, (au-dessus de 100 mètres).

Gastambide, Mengin, Koechlin Pischoff, Goupy, Henri Kapferer, etc. etc. — 1908 :
Nombreux essais des Aviateurs français.

Il conviendrait d'ajouter à cette liste, celle des principales associations d'Encouragement à la locomotion aérienne, liste que nos lecteurs devront compléter, au jour le jour, surtout pour ce qui concerne les Sociétés de province et les Sociétés étrangères.

Citons notamment :

Société Française de Navigation Aérienne, 19, rue Blanche, Paris.

Touring-Club, 65, avenue de la Grande Armée, Paris.
Aéro-Club, 84, rue du Faubourg Saint-Honoré, Paris.
Automobile-Club, 6, place de la Concorde, Paris.
Ligue Aérienne, 27, rue de Rome, Paris.
Aéro-Club de la Sarthe et autres succursales en province et à l'étranger.

Les manifestations

en faveur de l'Aviation

au Sénat

La première interpellation - La journée de l'Aviation

La journée du jeudi 5 novembre a été la première journée officielle de l'aviation. Entrer dans l'existence parlementaire par une interpellation occupant toute une séance et couronnée par un vote unanime du Sénat, c'est là une manifestation de vitalité d'autant plus remarquable qu'elle n'a été ni improvisée, ni soudaine, ni même favorisée par les circonstances ; elle avait, au contraire, contre elle les préoccupations politiques du moment ; les esprits étant alors tout à la question des déserteurs de Casablanca et au grave conflit qui venait de s'élever entre les deux Gouvernements de France et d'Allemagne. On parlait, précisément le 5 novembre, de la guerre imminente, d'un ultimatum du gouvernement allemand. La population et la presse n'en gardèrent pas moins en France un parfait sang-froid et, de même, le Gouvernement et le Parlement. — On a présenté ce sang-froid comme le résultat exclusif de notre bonne organisation militaire; il n'est pas un homme de bon sens, en effet, qui ne comprenne que cette organisation doit faire l'objet de toute notre attention et de tous les sacrifices vraiment nécessaires, mais il y a plus, il y a une autre organisation, toute nouvelle celle-là, qui se forme et que nous n'avons cessé de réclamer; c'est l'organisation de la Haye; nous bénéficions de la force morale appartenant à celui qui invoque le droit commun et qui accepte des juges. Une justice internationale a été constituée; si rudimentaire qu'elle soit encore, elle existe, et, à moins d'une violence qui soulèverait contre l'agresseur une véritable insurrection de la conscience universelle, elle commence à s'imposer. Là est, quoiqu'on en dise, le grand progrès, lequel n'est lui-même qu'une conséquence des communications chaque jour plus développées entre tous les peuples.

Aussi les préoccupations politiques qui régnaient alors n'ont-elles pas empêché le

Sénat de suivre avec intérêt le débat qui s'ouvrait pour la première fois devant lui sur
l'aviation, ni le Président du Conseil, les
Ministres de la Guerre, du Travail et plusieurs
autres membres du Gouvernement d'y prendre
part ou d'y assister; chacun sentant que
l'avenir de l'aviation touche de près à l'avenir du pays en même temps qu'à l'avenir des
relations internationales, et que, le progrès
ayant fatalement raison de la violence, le
devoir de tout bon citoyen, dans un pays
civilisé, est de favoriser ce progrès.

Pour alléger notre ouvrage, sans pourtant
rien omettre des principaux faits attestant les
rapides conquêtes de l'aviation dans tous les
domaines de notre activité nationale, nous
rappellerons, en peu de mots, les manifestations organisées à l'occasion de l'interpellation
en l'honneur des aviateurs. Le 5 novembre
fut leur journée.

Le matin, un banquet avait réuni une élite
de savants et de hautes personnalités pari-
siennes pour fêter Wilbur Wright au Club
du Tour du Monde, à Boulogne-sur-Seine. Le
fondateur du Club, notre ami M. Albert Kahn,
l'un des promoteurs les plus éclairés et les
plus dévoués de la conciliation internationale

avait, une fois de plus, saisi l'occasion de démontrer l'utilité d'une institution qui permet aux hommes de tous les pays de se rencontrer et de se lier. La plupart des convives du banquet se rendirent ensuite au Sénat. Séance des grands jours, tribunes pleines. Tout le monde de l'aéronautique et de l'aviation s'y était donné rendez-vous. Autre signe caractéristique : la presse tout entière a rendu compte avec une complète unanimité de sympathies, sans une note discordante, de « cette imposante manifestation ».

Après la séance et dans un élan de cordialité spontanée, un grand nombre de Sénateurs ont tenu à saluer personnellement les conquérants de l'air et leurs amis. Des toasts discrets furent portés à l'aviation par les questeurs du Sénat ; Wilbur Wright répondit en quelques paroles et M. Quinton se félicita des heureuses conséquences à attendre de cette « journée historique »

Le soir, l'*Automobile Club* ouvrait sa salle des fêtes aux amis de la locomotion aérienne et prouvait ainsi la solidarité qui doit unir toutes les entreprises d'amélioration de nos transports, sans distinction.

L'*Aéro-Club* avait organisé la fête et profitait de l'hospitalité de l'Automobile, ainsi que les diverses Sociétés intéressées au déve-

Mme K. PAULUS préparant sa 65e descente en parachute   (Cliché Vaubert et Nony)

loppement des communications, à commencer, bien entendu, par le *Touring Club*, le jeune ancêtre de toutes les initiatives prises après lui dans cette voie féconde.

Le nombre des toasts fut, bien entendu, considérable et, bien que, faute de place, nous nous soyons interdit de les reproduire, nous avons conservé la traduction des quelques paroles prononcées par Wilbur Wright en réponse au discours du Ministre des Travaux publics et des Présidents des différents Clubs organisateurs de la fête; la voici :

Pour moi et pour mon frère, je vous remercie de l'honneur que vous nous faites et de la réception cordiale que vous nous avez réservée ce soir.

Si j'étais né dans votre beau pays et si j'avais grandi au milieu de vous, je n'aurais pu m'attendre à un accueil plus chaleureux que celui qui vient de m'être fait. Lorsque nous ne nous connaissions pas, nous n'avions pas de confiance les uns dans les autres ; aujourd'hui que nous nous connaissons, il en est autrement ; nous nous croyons et nous sommes des amis. Je vous remercie.

Dans l'enthousiasme qui se manifeste autour de moi, je ne vois pas simplement un élan destiné à glorifier une personne, mais un tribut à une idée qui a de tout temps passionné l'humanité.

Je pense quelquefois que le désir de voler à la façon des oiseaux est un idéal que nous ont transmis nos ancêtres, qui dans leurs pénibles voyages à travers les contrées sans routes des temps préhistoriques voyaient avec envie les oiseaux traversant librement l'espace, à toute vitesse, au-dessus de tous les obstacles, par le chemin infini des airs.

Il y a dix ans à peine, on avait presque renoncé à tout espoir de voler ; les plus convaincus doutaient eux-mêmes, et j'avoue qu'en 1901, j'ai dit à mon frère Orville, que les hommes ne voleraient pas avant cinquante ans. Deux ans après, nous volions nous-mêmes !

Cette démonstration de mon impuissance de prophète fut pour moi une telle leçon que depuis je me suis méfié et me suis gardé de toute prédiction... ainsi que le savent bien, du reste, mes amis de la presse. Il n'est pas nécessaire d'ailleurs de regarder trop loin dans l'avenir ; nous en voyons assez déjà pour être certains qu'il sera magnifique.

Hâtons-nous seulement d'ouvrir les voies. Une dernière fois, je vous remercie de tout mon cœur, et, en vous remerciant, je voudrais que l'on comprenne que je remercie la France tout entière.

Nous aurons terminé le compte rendu de cette belle journée en disant qu'elle eut pour épilogue des actes ; d'abord la formation d'un groupe de l'aviation au Sénat, groupe dont nous publions plus loin le programme et la liste des membres. Ne manquons pas d'ajouter que, de son côté, la Chambre des Députés nous avait précédés dans cette voie en fondant un groupe analogue dont nous publions également plus loin la liste des Membres en annexe.

Dans ces mêmes annexes figurent les quelques documents marquant les étapes qui ont précédé et préparé la journée du 5 novembre ; notamment la lettre par laquelle nous avons suspendu sur le gouvernement notre première menace d'interpellation aérienne.

20 août 1908, puis les débats ouverts, un mois plus tard, au Conseil général de la Sarthe. Ces débats ont abouti au vote d'une subvention du Conseil à titre de premier encouragement à l'aviation ; subvention suivie de plusieurs autres analogues, à commencer par celle du Conseil municipal du Mans.

Cette agitation méthodique de l'opinion, locale, nationale, parlementaire et générale n'est que l'application des méthodes que nous avons employées depuis quinze ans pour la mise en valeur de nos ressources nationales à la faveur de nos bonnes relations internationales ; il n'est pas superflu de montrer qu'elle a prouvé une fois encore son efficacité.

Terminons enfin en notant, pour rappeler la connexité qui unit ou du moins rapproche les deux œuvres, l'ordre du jour voté à l'unanimité par le Groupe de l'Arbitrage International du Sénat et de la Chambre des députés réunis en séance annuelle le vendredi 13 novembre 1908, à la Chambre des députés et qui est ainsi conçu :

Le groupe parlementaire de l'arbitrage, considérant que les récents progrès de la locomotion aérienne ouvrent une ère nouvelle dans les relations internationales, invite ses membres à se faire inscrire aux groupes de l'aviation formés ou en formation à la Chambre des députés et au Sénat.

Un de nos amis a résumé spirituellement le sens de cette motion en disant : « Vous ouvrez un nouveau rayon ! »

Ne prenons pas pourtant cette boutade au pied de la lettre. Chacun reste libre ; les deux groupes sont distincts l'un de l'autre ; les membres du groupe de l'arbitrage peuvent ignorer le groupe de l'aviation et réciproquement. Disons que ce sont deux frères nés du même père, et bornons-nous à espérer qu'ils ne seront pas deux frères ennemis.

Passons maintenant au compte rendu de la séance du Sénat : le voici d'après le *Journal Officiel*.

LA LOCOMOTION AÉRIENNE

au Sénat

Séance du 5 Novembre 1908

Interpellation de M. D'ESTOURNELLES DE CONSTANT

SÉNATEUR DE LA SARTHE

M. le président. L'ordre du jour appelle la discussion de l'interpellation de M. d'Estournelles de Constant sur les encouragements que le Gouvernement compte donner aux expériences de locomotion aérienne.

La parole est à M. d'Estournelles de Constant.

M. d'Estournelles de Constant. Messieurs, dans le courant de l'été dernier, j'ai adressé à M. le ministre de la guerre une lettre pour lui annoncer mon intention de lui poser une question sur les progrès de la locomotion aérienne. Je lui demandais tout d'abord de bien vouloir lever l'interdiction qui fermait aux expériences de l'aviation le champ de manœuvres d'Issy-les-Moulineaux.

Je le priais, en outre, de demander l'inscription au budget de crédits spéciaux pour les encouragements à la locomotion aérienne.

J'ai reçu satisfaction sur le premier point : l'interdiction momentanée de l'usage du champ de manœuvres d'Issy-les-Moulineaux a été levée et je suis heureux de profiter de la présence de M. le ministre de la guerre pour lui adresser mes remerciements. Je puis y joindre les remerciements et les félicitations de tous ceux de nos collègues, non seulement du département de la Seine ou du département de la Sarthe, mais d'autres départements encore, notamment de la Marne, qui ont assisté aux expériences librement poursuivies sur nos champs de manœuvres militaires ; particulièrement au camp de Châlons et au camp d'Auvours, nous avons tous constaté que les autorités militaires avaient prêté aux aviateurs non seulement leurs terrains et leur assistance mais plus encore : le concours de la plus active et de la plus efficace sympathie. (*Très bien ! très bien !*)

Ayant obtenu cette satisfaction de M. le ministre de la guerre, j'ai pensé que je devais, quant à présent, m'en tenir là et ne pas m'adresser à lui pour ce qui concerne la question plus générale des crédits que je sollicite.

La question des crédits intéresse, en effet, non pas seulement un, mais plusieurs départements, on peut même dire tous les départements ministériels.

Je n'ai eu, à cet égard, que l'embarras du choix. Je pouvais m'adresser à M. le ministre de l'instruction publique ; il ne peut pas se désintéresser d'une science et de découvertes qui sont génératrices de tant d'autres découvertes appelées à transformer le monde. Je pouvais m'adresser à M. le ministre du commerce, à M. le ministre du travail, puisqu'il s'agit d'inventions qui aboutiront et aboutissent déjà à la création, en France, d'une nouvelle industrie nationale. Pourquoi ne pas aussi demander à M. le ministre des finances comment il compte concilier le fonctionnement des douanes, par exemple, avec le développement de la navigation aérienne ? De même à M. le ministre des affaires étrangères, en ce qui concerne les traités qu'il faudra prévoir, à mesure que les transformations qui se préparent modifieront plus profondément les relations entre les Etats. Mais c'est surtout — je me hâte de le déclarer, puisqu'il est à son banc — à M. le ministre de la guerre qu'il faudrait poser des questions précises. Ces questions viendront à leur heure. au moment de la discussion de son budget.

Il est très clair, pour m'en tenir à quelques paroles à ce sujet, que les progrès de la navigation aérienne intéressent au premier chef notre défense nationale. On a parlé beaucoup, ces temps-ci, de la diminution de nos effectifs, de notre infériorité relative au point de vue numérique par rapport à l'armée allemande. Il est incontestable, quel que soit le scepticisme encore de mode à cet égard, que, dans un avenir beaucoup moins éloigné qu'on ne peut le croire, nous trouverons dans les dirigeables et dans les aéroplanes, des ressources inespérées. Il n'est pas interdit de prévoir qu'à côté de notre cavalerie légère, nous formerons, avec un très petit nombre d'hommes exercés et audacieux, une cavalerie volante qui rendra de très grands services.

Elle sera d'autant plus précieuse — sans me faire aucune illusion et tout en sachant que nous rencontrerons, là comme ailleurs, beaucoup de scepticisme — que ces aéroplanes et ces dirigeables seront des auxiliaires aussi invisibles que rapides. Voici ce qui s'est passé dans l'Est, à Verdun, avec la *Ville-de-Paris*. Quand ce dirigeable y est arrivé le 15 janvier de cette année, conduit par le commandant Bouttiaux et M. Kapferer, il était attendu par toute la garnison, par toute la population, on peut le dire. Toutes les lunettes étaient braquées dans la direction de Paris pour savoir qui serait le premier à voir poindre le dirigeable.

Ce n'est pourtant qu'au moment où il s'est trouvé audessus de son hangar qu'on a pu le distinguer; il était resté complètement invisible, malgré le clair de lune admirable qui devait permettre à tous de l'apercevoir comme en plein jour. A vrai dire, on l'entend plus qu'on ne le voit; et l'officier qui avait été chargé plus spécialement d'en surveiller l'arrivée, a dû être prévenu par le téléphone que le dirigeable était déjà sous son hangar.

Gardons-nous donc, messieurs, d'être trop sceptiques au sujet des services que peuvent rendre à la défense nationale le dirigeable et l'aéroplane. Ils peuvent en rendre, et de très grands *(Très bien! très bien!)* et plus encore peut-être à la marine qu'à la guerre.

Nul ne contestera qu'au point de vue de la défense des côtes, ce sont déjà des éclaireurs infiniment redoutables; comment supposer qu'une escadre ennemie signalée par la télégraphie sans fil, exposée au feu de l'artillerie à longue portée, aux surprises des mines, des torpilles, des sous-marins, des submersibles, osera, malgré tout, tenter non pas même un débarquement ou un blocus, mais une simple manifestation; elle se trouverait exposée aux attaques et aux surprises nocturnes de ces véritables chauves-souris que, je le répète, on ne peut voir venir, et qui néanmoins arriveraient déjà sur elle aux vitesses actuelles de 60, 70, 80 kilomètres à l'heure, vitesses rudimentaires, vitesses d'essai — car ce ne sont encore que des essais; — comment supposer qu'elle viendrait courir pareille aventure et s'exposer à voir détruire en quelques secondes une ou plusieurs unités navales? C'est une supposition sur laquelle je n'insiste pas, mais qui confirme une fois de plus ce que j'ai dit et redit tant de fois.

Quoi qu'il en soit, messieurs, tous les départements ministériels sont intéressés, et je vois avec plaisir que le Sénat lui même s'intéresse également à cette admirable découverte. (*Très bien! très bien!*) Je le constate et je n'en suis nullement surpris.

Mais, pourquoi donc ai-je pris le parti de m'adresser à M. le ministre des travaux publics plutôt qu'à un autre de ses collègues?

Je vois mon honorable ami M. Barthou tourner ses regards de mon côté et me dire : « Puisque cela intéresse tellement d'autres départements ministériels, pourquoi donc m'avez-vous choisi? »

Je me suis adressé à vous, mon cher ministre, pour deux motifs : le premier, c'est parce que votre département est le département des transports, le département des communications, sans distinction aucune, aériennes ou autres — et, dans quelques années peut-être, vous serez particulièrement fier d'avoir été, non seulement le ministre des chemins de fer, de la navigation intérieure et des routes, mais le ministre des communications aériennes.

Et puis, je dois le dire, je m'adresse à vous, parce que je sais que, depuis très longtemps, vous avez fait vos preuves de dévouement à la navigation aérienne. Vous appartenez à une famille d'aéronautes et rarement on lit le récit d'une ascension, sans que vous y ayez pris une

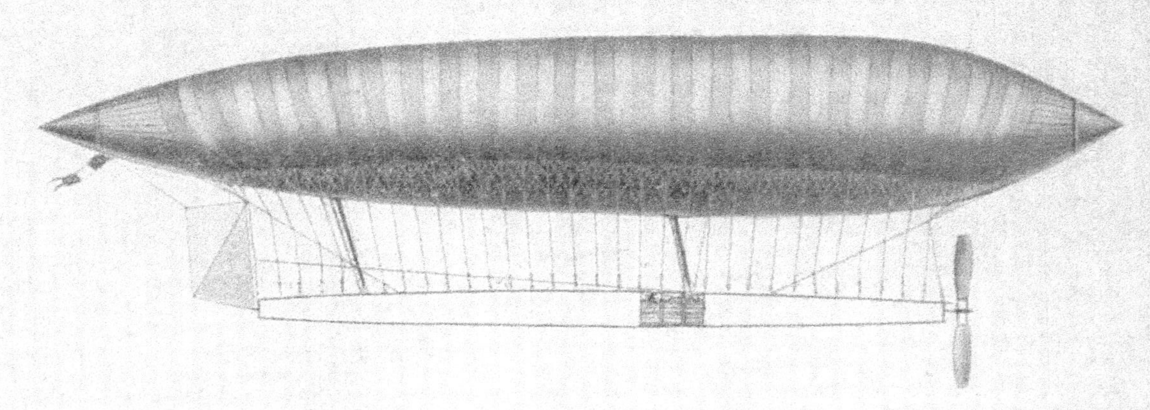

Le ballon dirigeable « LA FRANCE », de Renard et Krebs (1884).

part directe ou indirecte et sans qu'on puisse dire : Si ce n'est lui, c'est donc son frère... *(Rires.)*

Donc, je m'adresse à vous, monsieur le ministre, pour vous demander quoi?

C'est très simple; voici en deux mots ce que j'attends de vous et du Gouvernement : une déclaration et des crédits.

Une déclaration? J'y attache plus d'importance qu'on ne peut croire. Je tiens beaucoup à ce que, vous, ministre des travaux publics, au nom du Gouvernement tout entier, représenté aujourd'hui devant le Sénat par M. le président du conseil, par M. le ministre de l'instruction publique, par M. le ministre de la guerre et par M. le ministre du travail à vos côtés, vous fassiez une déclaration qui soit un encouragement pour la navigation aérienne, une déclaration qui soit un acte de foi, une manifestation de confiance dans l'avenir, une déclaration qui atteste que la France reste plus que jamais fidèle aux grandes idées qui sont sa raison d'être et qu'elle entend plus que jamais marcher à la tête du progrès, notamment du progrès des communications à l'intérieur et à l'extérieur. La France a beaucoup fait déjà pour cette grande œuvre du progrès des communications entre les hommes et entre les peuples. C'est là, messieurs, ce que nous ne devons pas laisser oublier, et encore moins oublier nous-mêmes. Oui, c'est en quelque sorte une vocation, une aptitude particulière de la France : parmi toutes les causes généreuses auxquelles elle s'est dévouée figurent en première ligne le perfectionnement et la recherche des moyens de transport.

La France est le pays de la clarté, de la persuasion, de la pénétration; les voies de communication sont pour elle un de ses moyens de propagande. Et ne voyez pas là, messieurs, un argument de sentiment. Interrogez l'histoire, et voyez tout ce qu'elle a déjà fourni d'exemples au monde. Ses vaisseaux ont servi de modèles, au dix-huitième siècle, à ceux des flottes anglaises. Nos routes sont célèbres dans le monde entier; on les reconnaît comme des routes françaises au premier coup-d'œil. Nos ingénieurs ont tracé jusqu'aux plans des villes dans le Nouveau-Monde, à commencer par le plan de Washington. Nous avons créé l'industrie de la bicyclette, celle de l'automobile. Nous avons percé des isthmes, nous avons creusé des tunnels.

Quant à la locomotion aérienne, n'oubliez pas, messieurs, que c'est du sol français que les montgolfières se sont élevées pour la première fois dans les airs, n'oubliez pas que c'est en France que les Renard, les Giffard, les Santos-Dumont et tant d'autres ont fait ces premières expériences de ballons dirigeables qui nous ont émerveillés et qui ont fini par vaincre le pessimisme et le défiances des sceptiques les plus réfractaires.

Et maintenant voici que nous assistons aux efforts de toute cette légion d'aviateurs dont je ne puis même plus aujourd'hui faire l'énumération, tant je craindrais d'en oublier! (*Très bien! très bien!*)

Eh bien, messieurs, il est impossible que le Gouvernement — et je suis sûr qu'il n'y songe pas — se désintéresse de tels efforts! Il est indispensable, il est opportun que le ministre, par une déclaration bien catégorique, montre que la France est toujours la France et que c'est vers elle, vers ce foyer d'activité et de sympathie que peuvent toujours se tourner les regards de ceux qui cherchent et qui souffrent pour de grandes idées. Dites, en un mot, que la France justifie toujours dans le monde entier la réputation qui lui a valu cette belle parole : « Tout homme a deux patries, la sienne et la France. » (*Très bien! très bien! sur un grand nombre de bancs.*)

Messieurs, je ne me borne pas à demander une simple déclaration. Non, j'attends des actes; et je m'appuie sur l'autorité du Sénat pour vous demander, monsieur le ministre, de provoquer l'inscription au budget de crédits spéciaux; oui, je le dis bien haut et je ne devrais pas avoir besoin de tant d'efforts pour le dire, je vous demande des crédits, de l'argent, le plus d'argent possible. Il ne manque pas autre chose à ces découvertes admirables pour qu'elle donnent désormais leurs fruits; de l'argent le plus tôt possible et le plus possible. Et notez bien messieurs, que je ne vous demande pas, que personne ne demande une faveur; je ne viens quémander ici pour personne; pas plus que vous n'entendrez jamais quémander ni les aéronautes, ni les aviateurs; ce n'est pas leur genre. Aucun d'entre eux n'attend du Gouvernement une sorte d'aumône, pas même un acte de simple générosité. Non, ce que je demande, pour eux, c'est une assistance légitime et nécessaire à une industrie dont la France profite et qui nous donnera toujours, quoi que vous fassiez, beaucoup plus qu'elle ne recevra.

Cette industrie est à peine née et déjà elle rend et elle a rendu des services à notre commerce, à notre agriculture, à notre production nationale tout entière, en attirant sur notre pays la pluie d'or d'une curiosité et d'un intérêt universels.

Oui, c'est ce que je m'évertue si vainement à répéter et c'est pourtant indiscutable.

Toutes les manifestations généreuses et soi-disant idéales de la France lui valent des profits matériels. Nos bonnes actions sont en même temps de bonnes affaires. Ces expériences que je vous demande d'encourager, de multiplier, elles servent au progrès de la science, mais en même temps elles attirent dans notre pays une quantité considérable de voyageurs, lesquels ne tardent pas à se transformer, sinon tous en amis, en clients.

Oui, je ne me lasserai pas de le répéter à satiété, à cette occasion comme en tant d'autres, les sympathies intellectuelles que suscite la France dans le monde, se traduisent infailliblement par un accroissement de sa prospérité matérielle. (*Marques d'approbation.*) Et c'est dans l'intérêt de la prospérité matérielle de la France, sans parler de tant d'autres considérations, plus encore que dans l'intérêt des aviateurs, que je vous demande de les aider.

Et je n'ai pas même parlé de votre devoir de faciliter l'essor d'une industrie nationale à ses débuts. Ce n'est pas le jour où elle aura pleinement réussi qu'il faudra lui prodiguer les secours, c'est quand elle est faible encore. Mais c'est ainsi; je le disais tout à l'heure encore à un de nos collègues : nous ne nous rendons pas assez compte, au Parlement, de l'intérêt que méritent ces admirables inventions, et même nous ne nous rendons pas assez compte de l'intérêt qu'elles suscitent dans la population française et dans tout le monde civilisé. Je ne sais quel voile nous masque cet intérêt. Et pourtant il est manifeste. Nos populations dans la Sarthe — pour ne prendre que cet exemple — ont suivi les expériences du camp d'Auvours avec un véritable enthousiasme, mais un enthousiasme raisonné. Elles ont compris, mesuré, sans qu'on ait besoin de le leur expliquer, toute l'importante de la découverte nouvelle. Elles avaient lu, dans leurs vieux livres d'éducation populaire, que l'homme avait dû limiter ses conquêtes. Dans la suite des siècles il avait conquis, à force de luttes, trois des éléments qui constituent le monde : la terre, le feu, l'eau ; mais elles savaient que le quatrième lui restait fermé, interdit, inaccessible, et voilà qu'elles assistent à cette victoire inattendue, inespérée, la conquête de l'air, conquête faite pacifiquement, sous leurs yeux, en leur présence. Elles applaudissent, non pas l'homme seulement, ni même la conquête, mais l'idée, le triomphe de la science sur l'ignorance, et elles comprennent que ce triomphe est le prélude de temps nouveaux, de temps meilleurs ; et c'est parce qu'elles comprennent cela qu'elles seront sensibles à la manifestation qui pour la première fois, je crois, dans un Parlement se produit en faveur de la locomotion aérienne. (*Très bien ! très bien !*)

Et maintenant quel sera l'emploi des crédits que je voudrais voir inscrire au budget ?

Il faudra fonder tout d'abord de grands prix et ensuite exécuter quelques travaux d'ailleurs minimes.

Des grands prix ? Vous en avez fondé partout pour encourager les courses de chevaux, de bicyclettes, d'automobiles. Vous avez le grand prix de Longchamp, celui de Paris, d'Auteuil, de Chantilly. Que sais-je encore ? De tous les côtes, on ne voit qu'hippodromes, vélodromes, circuits. Pourquoi ne favoriserions-nous pas la création d'aérodromes que les municipalités ne demandent qu'à installer, pourvu qu'on leur en donne le signal ? (*Très bien ! très bien ! sur divers bancs.*)

Là vous donnerez toutes les catégories de prix que vous voudrez, hauteur, vitesse, distance, durée, atterrissage, etc., et vous ne les donnerez qu'au mérite ; les plus compétents les décerneront ; il n'y aura ni faveur ni partialité possible.

Il y aura, en outre, spécialement pour les dirigeables,

un ensemble de travaux minimes, je le répète, à effectuer. Et bien que ces travaux soient très simples et très faciles, encore faut-il les prévoir. Il convient, avant tout, de réserver des terrains pour les atterrissages et pour les départs; il convient de construire des hangars, ou, pour mieux dire, des ports ; oui, il doit en être pour la navigation aérienne comme il en est pour la navigation maritime et fluviale, comme il en est de tous les transports. Il faut des ports d'attache, des ports d'arrivée, des ports d'escale, des stations terminus et des stations intermédiaires, des étapes. En un mot — si j'osais exprimer toute ma pensée, mais c'est mon devoir et c'est pourquoi je suis à cette tribune — nous avons à parfaire le réseau de nos communications, nous avons à parachever notre outillage national, l'outillage nécessaire à l'organisation de notre réseau de communications aériennes; nous avons à compléter le plan Freycinet. (*Mouvements divers*).

Je vois avec plaisir M. de Freycinet à son banc et, puisqu'il a signé l'ordre du jour que je déposerai tout à l'heure, le Sénat peut constater avec moi que notre éminent collègue ne s'étonne pas de mon intervention.

Le complément que je demande aura en tous cas cet avantage de ne coûter pour ainsi dire rien au budget, puisqu'il s'agit de quelques millions, comparés aux centaines de millions que nous dépensons par ailleurs.

Hâtons-nous, messieurs, car l'Etat, n'a pas le droit de se laisser distancer de trop loin; les aviateurs, les aéronautes ont déjà fait assez de sacrifices, vous avez le devoir de les aider ; et croyez bien que je suis monté à cette tribune avec cette préoccupation dominante. Oui nous avons le devoir d'aider ces hommes de bonne volonté et d'action qui travaillent dans les conditions les plus ingrates et nous devons obtenir que les pouvoirs publics ne se désintéressent pas d'un pareil effort. (*Très bien! sur un grand nombre de bancs.*) Voilà ce que je demande.

Je ne suis pas pessimiste et je sais, messieurs, que vous ne vous désintéressez pas de cette question; seulement, beaucoup d'entre vous pensent qu'il s'agit d'un avenir lointain ; ces questions de haute portée manquent toujours, plus ou moins, dans un Parlement, d'actualité ; elles sont toujours éclipsées, si je puis dire, par la question du jour, la question dominante qui absorbe nos débats et notre attention ; mais, est-ce une raison pour nous exposer à ce que, dans dix ans peut-être — lorsque cette science sera tout à fait vulgarisée et que tout le monde en aura compris l'importance — ou puisse dire que nous nous sommes montrés indifférents à ses débuts ?

Non, messieurs, un moment de bienveillante attention des pouvoirs publics peut faire gagner à la science des années. Des années !... un moment de votre sympathie peut suffire à faire surgir par milliers des initiatives étouffées jusqu'ici, faute d'intérêt, faute de ressources ! Ah ! messieurs, si vous saviez de quels sacrifices admirables est faite la vie d'un aviateur, d'un aéronaute !

Vous ne vous rendez pas compte — il faut l'avoir vu de près — de ce qu'est cette vie, de ce que comportent de dépenses, d'abnégation, de courage moral et matériel les expériences les moins connues. On a vite fait de déclarer qu'un aéroplane ne coûte que peu d'argent : une vingtaine de mille francs ! Oui, peu d'argent, en effet, à celui qui se contente de le voir voler, mais non pas à celui qui l'a construit, qui l'a conçu, essayé, créé !

L'appareil une fois viable, avez-vous calculé ce qu'il a fallu commencer par en casser, si je puis dire, pour arriver à construire le bon ; et quand vous avez construit celui-là, combien faut-il dépenser encore pour le réparer ? Ces réparations sont un gouffre. Ce n'est pas tout ; il faut un personnel, des mécaniciens intelligents, dévoués, véritables compagnons d'armes ; il faut construire un hangar, louer un terrain, le faire surveiller. Et savez-vous à quoi tous ces sacrifices aboutissent ? Trop souvent l'aviateur est obligé non seulement de prendre sur sa fortune personnelle, sur l'avenir de ses enfants, mais, ce qui lui paraît plus cruel que tout le reste, sur les matériaux nécessaires à la construction de son appareil. Faute d'argent, l'aviateur est obligé de fabriquer son aéroplane avec des matériaux de seconde qualité.

Oui, cela est trop vrai, et j'aurai tout dit en constatant qu'un aviateur doit commencer par se ruiner pour avoir le droit de risquer sa vie. (*Très bien ! très bien !*)

Même situation pour les aéronautes, avec cette différence que les dépenses sont encore plus grandes ; et les aéronautes ne pourraient même pas songer à y faire face s'ils n'avaient pas trouvé, à défaut des pouvoirs publics, des initiatives privées ; s'ils n'avaient pas trouvé, je ne dirai pas des Mécènes, mais des hommes de bien, des hommes courageux, désintéressés, qui ont compris l'urgence de faire un sacrifice et qui l'ont fait.

Je les salue respectueusement, sans les connaître personnellement ou à peine, parce que je les admire dans leur œuvre, dans leurs bienfaits, qu'ils s'appellent Archdeacon, Lebaudy, Deutsch (de la Meurthe), Quinton, Armengaud, Santos-Dumont, d'autres encore, ce sont des hommes de courage, des hommes de bien : ils ont fait leur devoir. (*Applaudissements unanimes.*)

Mais précisément parce qu'ils ont fait leur devoir, parce que je sais que le Gouvernement n'est pas indifférent à ces initiatives généreuses, parce que je vois à son banc M. le président du conseil qui m'écoute et qui lui aussi, a donné des gages d'intérêt à la locomotion aérienne, je dis que le moment est venu pour nous de manifester aussi par des actes notre sympathie. Ne laissons pas ces braves gens complètement isolés ; montronsleur qu'ils ont avec eux le Gouvernement, le Parlement, la France tout entière. Oui, la France entière ; ne vous y trompez pas : c'est la France entière qui suit de très près et au jour le jour ces découvertes. Ce n'est pas pour elle, je le répète, un spectacle de banale curiosité. Ces progrès lui tiennent au cœur et elle fait des vœux ardents pour qu'ils soient de plus en plus pratiques et rapides. (*Très bien ! très bien !*)

Plusieurs départements, à commencer par la Sarthe et j'en suis fier, plusieurs municipalités, et celle de Paris pour une part considérable, ont déjà pris l'initiative de voter des subventions. Vous connaissez la fondation de la vaillante ligue aérienne ; il existe déjà un aéro-club. A la Chambre des députés, un groupe de l'aviation s'est formé. Je me suis entretenu de ces passionnantes questions non seulement avec les membres du Gouvernement, et particulièrement, avec le ministre des finances, mais avec les membres des commissions du budget à la

Chambre et des finances au Sénat ; nulle part je n'ai rencontré d'objections ; l'unanimité des sympathies est complète.

Seulement, prenez garde : si nous ne nous hâtons pas, nous allons être distancés.

Les pouvoirs publics l'ont été déjà par l'initiative privée ; qu'ils prennent garde de l'être également par l'étranger. Presque partout les gouvernements se préoccupent d'encourager activement et pratiquement les progrès de la navigation aérienne. Depuis plusieurs années, on a pu voir à Kiel l'empereur d'Allemagne témoigner hautement et ouvertement son intérêt, en accordant des subventions, non pas à des expériences populaires, mais à des recherches purement scientifiques. Il n'a pas hésité à suivre personnellement les expériences du professeur Hergesell, alors que les sceptiques et les ignorants s'en moquaient en le voyant sonder les nuages avec des cerfs-volants. Plus récemment, vous avez vu les encouragements prodigués à l'infortuné Zeppelin et vous avez constaté que les manifestations de l'opinion publique allemande se sont traduites ensuite par des souscriptions volontaires de plusieurs millions.

Mêmes encouragements en Italie, à Monaco, en Russie, ailleurs encore.

En France, nous ne sommes en retard qu'au point de vue de ces subventions gouvernementales. A part cela, nous sommes en avance sur toute la ligne. Et, plus que jamais, nous sommes décidés à revendiquer l'honneur de réaliser la révolution que nous avons préparée ; nous n'abandonnerons pas le privilège d'avoir été les pionniers.

M. Ranson. Nous sommes tous de cet avis, mon cher collègue.

M. d'Estournelles de Constant. Ces marques d'intérêt, ces subventions, ces crédits indispensables, je les demande au Gouvernement ; je demande au Sénat de joindre son insistance à la mienne. Le pays saura gré au Sénat d'avoir pris l'initiative en cette matière et nous serons satisfaits, messieurs, d'avoir contribué, dans la mesure de nos forces, à conquérir ou à conserver à notre

Le « SANTOS DUMONT » N° 6 touchant la Tour Eiffel (1901).   (Cliché Raffaële)

pays une gloire nationale, la vraie gloire, doublée d'un bienfait pour l'humanité. (*Très bien! très bien! et applaudissements. — L'orateur reçoit les félicitations d'un grand nombre de ses collègues.*)

M. le président. La parole est à M. le ministre des travaux publics.

M. Louis Barthou, *ministre des travaux publics, des postes et des télégraphes.* Messieurs, je remercie mon ami M. d'Estournelles de Constant de l'initiative qu'il a prise. Elle était nécessaire et elle est venue à son heure. Les progrès de la locomotion aérienne, qui émerveillent et qui passionnent le monde, en attendant que peut-être ils le transforment, ne pouvaient rester indifférents au Parlement français. Cette indifférence n'aurait pas été seulement un acte d'imprévoyance, elle aurait constitué une véritable ingratitude.

M. d'Estournelles de Constant a eu raison, en effet, de rappeler que la science aéronautique est née et s'est développée sur le sol français. Il a évoqué le souvenir des admirables découvertes des frères Montgolfier. Après lui, complétant ces souvenirs historiques, j'ai plaisir à rappeler que le premier voyage aérien fut accompli à Paris par un Français, Pilâtre de Rozier, et que ce fut un physicien français, le professeur Charles, qui munit le ballon sphérique des agrès essentiels qui le constituent encore à l'heure actuelle.

D'autre part, les ballons sont associés aux vicissitudes de notre histoire et de la défense nationale. Chacun se rappelle les services qu'ils ont rendus, pendant les guerres de la Révolution.

A une date plus récente, pendant la guerre de 1870, leur utilité n'a pas été moins grande, et, puisque M. d'Estournelles de Constant a ouvert le livre des biographies à la tribune du Sénat, l'honorable et éminent président de cette Assemblée me permettra de le rajeunir en rappelant que, en 1870, il fut un des vaillants aéronautes du siège. (*Très bien! très bien! à gauche. — Applaudissements unanimes et répétés.*)

Mais, je ne suis pas moins assuré de répondre au sentiment de l'Assemblée tout entière en rappelant aussi

8

comment une sortie courageuse et téméraire permit à Gambetta de se rendre en province et d'y organiser, à défaut de la victoire impossible, une défense héroïque qui conserva à la France, devant le monde, l'honneur et le droit d'espérer. (*Vifs applaudissements sur les mêmes bancs.*)

Au lendemain de nos désastres, le ministère de la guerre eut le souci de reconstituer cette école d'aérostation de Meudon que l'empereur Napoléon Ier avait dissoute. M. d'Estournelles de Constant a rappelé les efforts accomplis, soit pour les ballons libres, soit pour les ballons captifs, soit pour les ballons dirigeables.

Ce fut en 1884 que, secondés par les subventions du gouvernement de la République, les commandants Renard et Krebs accomplirent le premier voyage aérien en dirigeable. Ils furent les premiers aéronautes qui revinrent, par les moyens du bord, à leur point de départ. C'est là une date dans l'histoire des dirigeables. Je suis heureux qu'elle soit à l'honneur de la science française et aussi de l'armée française. (*Très bien ! très bien !*)

Mais la solution n'était pas encore définitive. Pour marquer les progrès qui ont été accomplis en très peu d'années et pour démontrer en même temps que la sollicitude du Gouvernement ne s'est pas seulement traduite par des paroles et par des promesses, mais qu'elle s'est réalisée par des actes, je demande au Sénat la permission de lui citer quelques lignes écrites par un homme dont le nom est célèbre dans l'histoire de l'aérostation, M. Tissandier :

« Le problème de la navigation aérienne consiste aujourd'hui à trouver un moteur beaucoup plus léger que tous ceux dont on dispose actuellement dans l'industrie ; nous entendons par moteur l'ensemble du système mécanique comprenant : 1° le générateur d'énergie, 2° la machine, 3° le propulseur et 4° la provision de combustible, charbon ou pétrole s'il s'agit de vapeur, produits chimiques s'il s'agit de moteurs électriques ou autres, nécessaires pour l'alimentation pendant un espace de temps de quelques heures. Le problème n'est assurément pas insoluble, mais il offre de très grandes diffi-

cultés, et ces difficultés sont celles qui entravent aujour-
d'hui les progrès de la navigation aérienne. »

Ces lignes ont été écrites en 1890.

Depuis cette époque, il s'est produit un fait essentiel
auquel M. d'Estournelles de Constant a eu raison de
faire allusion. Il a rendu hommage à l'effort considérable
accompli par une industrie née dans notre pays et qui
en est une force et une gloire, l'industrie automobile.

Cette industrie représente un courant commercial d'un
demi-milliard par an. (*Très bien ! très bien !*)

Elle a permis la création de moteurs légers et leur
adaptation aux dirigeables. C'est ainsi que se sont pro-
duites, dans les usines de MM Lebaudy, des tentatives
et des expériences qui ont abouti à des résultats presque
immédiats et considérables.

Ces expériences ont été suivies et encouragées par
M. le ministre de la guerre. Qui d'entre nous, messieurs,
ne se rappelle avec quels sentiments de joie, d'espérance
et de confiance, je dirai même avec quel sentiment de
fierté patriotique, le jour de la revue du 14 juillet 1907,
nous avons vu le *Patrie* évoluer admirablement au-
dessus de nos troupes?

Disparu, cet aérostat a été remplacé par d'autres. Plusieurs sont en construction. La générosité de MM. Lebaudy a trouvé un imitateur dans M. Deutsch, qui a fait
cadeau au ministère de la guerre du dirigeable la *Ville-
de-Paris*. (*Très bien ! très bien !*)

Enfin, il y a quelques jours à peine, un autre dirigeable, le *Clément-Bayard*, a accompli un exploit vérita-
blement remarquable, puisqu'il est revenu à son point
de départ, après avoir accompli un voyage de 250 kilomètres. Et ainsi, messieurs, je peux le dire sans hausser
le ton, simplement, comme il convient à ceux qui ont
conscience de leur force, à l'heure actuelle, la France est
le pays qui possède la plus admirable flotte de dirigeables
du monde entier. (*Applaudissements répétés.*)

M. d'Estournelles de Constant a rappelé que les dirigeables ont été très rapidement suivis des aéroplanes. A
peine la direction des ballons, c'est-à-dire du plus léger
que l'air, était-elle trouvée, que l'on réalisait le plus

lourd que l'air et que l'aviation devenait un fait avec lequel il fallait compter.

Il n'y a pas de très nombreuses années, un savant, qui faisait partie de l'Académie des sciences, disait, en parlant des ballons dirigeables, que c'étaient des problèmes absurdes à poser, il ne disait pas, remarquez-le bien, à résoudre. Qu'aurait-il donc pensé des aéroplanes? Le problème est mieux que posé, il est résolu, et l'aviation est entrée définitivement dans l'ère des réalisations pratiques.

Je ne veux pas, à cette tribune, établir des comparaisons entre les aviateurs français et étrangers, parce que l'émulation qui se produit entre eux profitera à l'humanité tout entière. (*Très bien! très bien!*) Pourtant, j'ai le devoir de dire qu'à l'autre extrémité du monde, dans la Caroline du Sud, pendant cinq ou six ans, il s'est rencontré deux hommes de foi énergique qui, indifférents aux mensonges et aux suspicions, ont réalisé une des plus merveilleuses inventions du génie humain. (*Très bien! très bien!*)

En France, leur exemple était suivi. Si le courageux et tenace Henri Farman n'est pas Français, ceux qui ont construit son moteur, les frères Voisin, appartiennent à cette catégorie d'hommes modestes, laborieux, infatigables, dont parlait M. d'Estournelles de Constant, qui consacrent leur temps et sacrifient même leur fortune à la réalisation d'un idéal magnifique. (*Vive approbation.*) D'autres sont venus en même temps, vrais Français de race, M. Delagrange et M. Blériot, qui ont également réalisé des prouesses merveilleuses. (*Très bien! très bien!*)

Nous restons donc dans notre tradition d'activité continue, d'efforts courageux, de gloire nationale, et le Sénat me permettra d'associer dans un sentiment commun d'admiration et de reconnaissance tous les hommes, quels qu'ils soient, qui ont contribué à ces progrès indiscutables et prodigieux. (*Très bien! et vifs applaudissements.*)

M. d'Estournelles de Constant demande au Gouvernement d'apporter à la tribune autre chose et mieux que des déclarations, d'y apporter des actes, et ces actes, il désire qu'ils se traduisent par des crédits inscrits au budget. Déjà, à la Chambre des députés, ce qui vous montre, messieurs, que les sentiments sont unanimes et solidaires sur cette question dans les deux Assemblées, des initiatives ont été prises.

A la date du 22 octobre, plusieurs de mes collègues, MM. Chautard, Messimy, Guyot de Villeneuve, Desplas, Clémentel, Dalimier et Gervais, demandaient l'inscription au budget de l'instruction publique d'un chapitre 51 *bis* à titre de subvention à la ligne nationale aérienne pour une somme de 100,000 francs.

Quelques jours après, d'autres de mes collègues, MM. Grosdidier, Plissonnier, Janet, Godart, Charles Schneider, Emile Cère, Chanal, Paul Bertrand, Lebrun — je cite tous les noms pour montrer que, dans des affaires de cette nature, il n'y a pas, il ne peut pas y avoir de questions de divergences politiques — plusieurs de mes collègues, dis-je, prenaient l'initiative d'un crédit nouveau de 100,000 francs à inscrire au budget des travaux publics avec ce libellé : « Subvention à l'Aéro-club de France. »

Messieurs, l'aviation fait des miracles ; elle en a réalisé un tout à fait imprévu : c'est que, pour la première fois peut-être, M. le ministre des finances n'a ni refusé, ni marchandé le crédit qu'on lui demandait (*Rires approbatifs*). M. le ministre des finances s'est trouvé d'accord avec les auteurs des deux amendements, avec le ministre de l'instruction publique comme avec le ministre des travaux publics, mais il a été entendu entre les auteurs des amendements et le Gouvernement, que le crédit de 100.000 francs serait inscrit au budget des travaux publics. Pourquoi, messieurs? Parce que le ministère des travaux publics est le ministère des transports et des voies de communication ; parce que, si les aéroplanes peuvent devenir des engins de destruction et servir à la défense nationale, il faut aussi les envisager comme des instruments de rapprochement entre les hommes et de civilisation. (*Très bien! très bien!*)

J'ai accepté le cadeau, un peu imprévu peut-être et délicat qu'on voulait me faire, et un crédit de 100,000 fr. pour encourager la locomotion aérienne figurera en 1909 au budget des travaux publics.

Donc, M. d'Estournelles de Constant peut constater que le Gouvernement et le Parlement sont entrés résolument dans la voie qu'il a préconisée.

Je me permettrai simplement de dire à votre honorable collègue que peut-être ne suis-je pas complètement d'accord avec lui en ce qui concerne l'affectation de ce crédit. J'estime d'abord qu'il n'y a pas lieu d'indiquer dans le budget quelle est celle des associations à laquelle iront les crédits. (*Marques d'approbation.*) Je n'ai pas, à l'heure actuelle, à établir une préférence...

M. d'Estournelles de Constant. Je n'ai pas demandé cela.

M. le ministre. Je n'ai pas, dis-je, à l'heure actuelle, à établir une préférence entre l'Aéro-club de France, une institution déjà ancienne qui a rendu de très grands services, et la Ligue nationale aérienne, qui a le désir d'en rendre ; je demande que la liberté du Gouvernement soit entière, qu'elle reste intacte et qu'il emploie ses crédits au mieux de l'intérêt général.

M. d'Estournelles de Constant. Nous sommes d'accord. Je n'ai rien dit sur ce point.

M. le ministre. M. d'Estournelles de Constant me fait remarquer que sur ce point il n'a rien dit. Il a raison. C'est une condition que je précise en dehors de son intervention et de son discours. Mais j'en viens, messieurs, à une indication que votre honorable collègue a fournie. M. d'Estournelles de Constant demandait si l'on ne pourrait pas consacrer l'intégrité ou, tout au moins, une partie de ces crédits à la construction d'aérodromes.

J'estime que le Gouvernement ne doit pas entrer dans cette voie ; je considère qu'il appartient aux aviateurs de rechercher, de trouver et d'utiliser eux-mêmes les terrains qui leur paraissent préférables. Il faut les laisser poursuivre leurs expériences en toute liberté ; mais je suis d'accord avec l'honorable sénateur pour dire que s'il dépend du Gouvernement de mettre librement et gratuitement des terrains à leur disposition, il le doit faire. (*Très bien ! très bien !*)

Je suis intervenu auprès de M. le ministre de la guerre ; il m'a expliqué qu'un malentendu s'était produit ; je crois

que tout le monde rend justice à l'empressement avec
lequel il a restitué le terrain d'Issy-les-Moulineaux à certains aviateurs et à la générosité avec laquelle il a donné
à d'autres le camp de Châlons.

A cette condition, la liberté d'action du Gouvernement
doit être entière. (*Très bien!*)

Je demande également à la réserver en ce qui concerne
l'attribution de prix à tel ou tel appareil. Il faut, je crois,
que nous prenions l'habitude, quand nous voulons se-
conder certaines initiatives, de ne pas les étouffer, de ne
pas les enserrer dans certaines règlementations trop
étroites.

Le Gouvernement usera de sa liberté en réservant
l'initiative des inventeurs ou des sociétés auxquels des
prix seront alloués.

L'intérêt particulier devra se confondre avec l'intérêt
général. (*Très bien! très bien!*)

M. d'Estournelles de Constant peut apprécier, après
ces explications, à quel point je suis d'accord avec lui
pour reconnaître le caractère sérieux qu'il faut attribuer
à tant d'initiatives nouvelles et à tant d'expériences im-
prévues. Je ne suis pas de ceux qui envisagent l'avenir
de l'aviation avec scepticisme; je l'envisage, au contraire,
avec une entière confiance; je suis de ceux qui pensent
que si les progrès réalisés par l'industrie de l'automobile
en dix ans ont été considérables, il faut nous attendre à
des progrès non moins rapides en matière d'aviation. Il
ne faut plus limiter les perspectives ouvertes par la
science et le génie aux progrès humains. Voulez-vous
me permettre à ce propos une citation déjà fort ancienne,
mais qui me paraît devoir donner leur caractère à mes
observations?

C'était en 1783, au lendemain de l'ascension d'un
savant dans une montgolfière. Un homme de génie,
Franklin, assistait à l'expérience. Quelques jours après,
dans une lettre privée, il écrivait les lignes suivantes :

» Il y a quelques mois seulement, on aurait trouvé
aussi impossible et ridicule l'idée de voir des sorcières
s'élevant dans l'atmosphère sur un manche à balai, que
des savants montant dans l'air attachés à un sac de

fumée... les machines sont toujours soumises aux courants aériens. Peut-être la mécanique trouvera-t-elle le moyen de leur permettre de se mouvoir progressivement en temps calme et de tenir un peu tête au vent... Cette expérience, qui vient d'être faite, n'est certes pas insignifiante. Elle peut avoir des conséquences dont nul ne saurait prévoir l'importance. »

J'ose penser et dire de l'aviation ce que Franklin disait en 1783 des montgolfières : l'aviation peut avoir des conséquences dont nul ne saurait prévoir l'importance ; mais je suis assuré d'être d'accord à la fois avec mon honorable interpellateur et avec le Sénat tout entier en souhaitant que ces conséquences soient favorables au progrès social, au rapprochement de l'humanité et à la paix du monde. (*Très bien ! très bien ! — Applaudissements vifs et répétés.*)

M. d'Estournelles de Constant. Je demande la parole.

M. le président. La parole est à M. d'Estournelles de Constant.

M. d'Estournelles de Constant. J'ai l'honneur de déposer, au nom d'un grand nombre de mes collègues et au mien, un ordre du jour approuvant les déclarations du Gouvernement.

En ce qui me concerne, je suis très heureux de prendre acte des déclarations qu'à bien voulu faire M. le ministre des travaux publics.

Je n'ai pris la parole pour défendre ni un homme ni une association, mais pour défendre une œuvre ; je constate avec une profonde satisfaction qu'elle n'a pas besoin d'être défendue au Sénat, et que M. le ministre des travaux publics a été applaudi, sans distinction de parti, sur tous les bancs.

M. Tillaye. Vous aussi. (*Approbations*).

M. d'Estournelles de Constant. Je vous remercie, mon cher collègue.

M. le ministre des travaux publics a parlé d'une légère différence qui nous séparait.

Le « Pax » de Severo (député brésilien).

(Cliché Raffard).

Il ne convient pas, à son avis, d'étouffer les initiatives. Je partage absolument son opinion, mais il n'a jusqu'à présent malheureusement été question de rien de semblable. Ce que je lui demandais surtout, c'était de ne pas les affamer. Dans tous les cas, nous sommes d'accord, et c'est précisément pour manifester cet accord complet entre l'assemblée et le Gouvernement que nous avons rédigé l'ordre du jour dont je demande à M. le président de vouloir bien donner lecture.

M. le président. Je suis saisi, messieurs, de l'ordre du jour suivant, présenté par MM. d'Estournelles de Constant, de Freycinet, Ranson, Vallé, Strauss, Poincaré, Gouin, Tillaye, Cordelet, Le Chevalier, Lefèvre, Gourju, général Langlois, Maurice Rouvier, Ermant, Cuvinot, Lozé, Legrand, Louis Pichon, Trouillot, Poirrier, Thuillier, Lourties, Rey, Béral, Mascuraud, Edouard Millaud, Paul Le Roux et Piettre.

« Le Sénat, convaincu de la nécessité d'encourager les progrès de la locomotion aérienne en France et approuvant les déclarations du Gouvernement, passe à l'ordre du jour. »

M. le ministre des travaux publics. Je demande la parole.

M. le général Mercier. Je la demande également, monsieur le président.

M. le président. La parole est à M. le ministre.

M. le ministre des travaux publics. Messieurs, c'est plutôt à l'occasion de l'ordre du jour que sur l'ordre du jour lui-même que j'ai demandé la parole. Je n'ai pas, en effet, besoin de dire que le Gouvernement acceptera avec gratitude l'ordre du jour présenté par M. d'Estournelles de Constant et ses collègues, mais M. le ministre de la guerre m'a fait observer que, dans l'historique un peu rapide que j'ai fait de l'aviation et des encouragements qu'elle a reçus, j'ai commis un oubli. Je n'ai pas dit, en effet, comment un des membres de cette Assemblée, M. de Freycinet, étant ministre de la guerre, avait encouragé des tentatives d'aviation tout à fait remarquables.

M. Vallé. Très bien !

M. le ministre. La lacune était involontaire. Je demande au Sénat la permission de la réparer en rendant hommage à celui qui, en 1870, fut le collaborateur de Gambetta. (*Vifs applaudissements.*)

Après quelques observations de M. le Général Mercier et de M. l'Amiral de Cuverville, le premier rappelant qu'il avait subventionné les expériences d'Ader pendant qu'il était ministre de la guerre [1] et demandant en outre au Gouvernement de se préoccuper de la réglementation d'une frontière aérienne, le *Président du Sénat* met aux voix l'ordre du jour dont il a été donné lecture.

(Cet ordre du jour est adopté.)

M. Charles Prevet. Je constate que l'ordre du jour a été adopté à l'unanimité.

---

[1] Voir plus loin l'article consacré spécialement à l'Avion d'Ader

L'Avion d'Ader

La question de l'*Avion* d'Ader est troublante. Nous avons interrogé les hommes les plus capables de donner avec autorité une opinion impartiale à ce sujet. Tous sont unanimes à rendre hommage à l'effort admirable de l'inventeur et à déplorer que ces expériences aient été arrêtées au lendemain de l'accident de Satory (14 octobre 1897). Cette expérience a été interprétée par M. Ader comme un succès, (puisque l'appareil qu'il montait s'est détaché de terre et a fait un vol ou tout au moins des bonds, dont un assez long) — par le Ministre de la Guerre, — alors le général Billot, — comme un échec. La décision de M. le général Billot n'a jamais été motivée et il pèse de ce fait sur son administration une sérieuse responsabilité dont ses amis doivent avoir à cœur de dégager sa mémoire.

D'autre part, si le mérite et le désintéressement de M. Ader restent indiscutés, il n'en est pas de même du résultat de ses expériences.

Le vent auquel il a attribué sa chute n'avait-il pas contribué, au contraire, à l'enlever de terre?

Si, comme il est vraisemblable, le terrain d'expériences qu'il avait accepté et sur lequel avait été tracée, d'accord avec lui, une piste circulaire, n'offrait pas un diamètre assez large, pourquoi n'a-t-il pas évité le danger de ce circuit en commençant par faire ses essais en ligne droite?

Pourquoi enfin a-t-il abandonné pendant dix ans, la justification de son invention? et ne l'a-t-il reprise que récemment, à titre historique? Qu'il se soit lassé, que les ressources matérielles lui aient manqué, cela peut expliquer son découragement, encore que tous les inventeurs, tous les initiateurs aient eu, plus ou moins, comme lui, parfois plus que lui et sans assistance aucune, à lutter contre l'éternelle coalition de la routine et de l'ignorance. Mais ce qui semble à la fois incompréhensible et difficilement justifiable c'est qu'il ait brûlé jusqu'à la trace de tant de travaux; c'est qu'il n'ait pas profité, — lui qui fut bien renseigné sur les premiers progrès de l'automobile, — des moteurs à essence qui lui permettaient d'alléger son appareil et de triompher par une expérience renouvelée dans des conditions favorables de tous les obstacles qui l'avaient arrêté. Comment n'a-t-il pas été tenté par cette occasion si facile de réhabilitation, lui qui avait osé débuter avec une machine à vapeur? Un inventeur, c'est là son infériorité sociale et sa grandeur morale, travaille pour l'avenir, pour les autres plus que pour lui; il savoure amèrement, mais il savoure la satisfaction de répondre par un bienfait dont il n'aura pas toujours la récompense, mais dont il a la certitude, à toutes les injustices, les niaiseries, les méchancetés dont il a souffert; il ne brûle pas son enfant.

Quoiqu'il en soit, M. Ader, s'il a tout brûlé, a épargné pourtant son avion; l'opinion lui en est reconnaissante. Nous publions un croquis de son appareil, croquis très favorable, puisqu'il le figure en plein vol. Nous renvoyons en outre le lecteur au mémoire justificatif publié par M. Ader, en 1907, sous ce titre : La première étape de l'aviation militaire en France (J. Bosc et Cie. Editeurs). De cet ouvrage et des documents officiels qu'il contient, il résulte ce qui suit : M. Ader fut encouragé au Ministère de la Guerre par M. de Freycinet qui l'estimait et l'estime encore et par plusieurs de ses collaborateurs, et successeurs, notamment par le général Loizillon et le général Mercier; M. le général Mercier aurait été d'abord hostile, mais finalement aurait prêté son appui à l'inventeur. MM. Zurlinden et Cavaignac ne se seraient pas prononcés. Ce fut le général Billot qui, après l'accident du 14 octobre 1897, aurait décidé, le 8 février 1898, de ne pas continuer les expériences.

Nous croyons répondre à un souci général de vérité en demandant à M. le Ministre de la Guerre actuel de bien vouloir prescrire une enquête sur les conditions dans lesquelles les expériences de Satory ont été abandonnées. Si l'administration est accusée à tort, son intérêt est de se défendre; dans le cas contraire son devoir est d'accorder à M. Ader, toujours vivant, une satisfaction morale bien légitime en reconnaissant la valeur de ses essais. On ne peut admettre, en effet, qu'il se perpétue, soit au détriment du Ministère de la Guerre, soit au détriment de nos inventeurs et de la science, une légende impénétrable touchant des événements contemporains : allons-nous créer au xxe siècle, un masque de fer de l'aviation?

E. C.

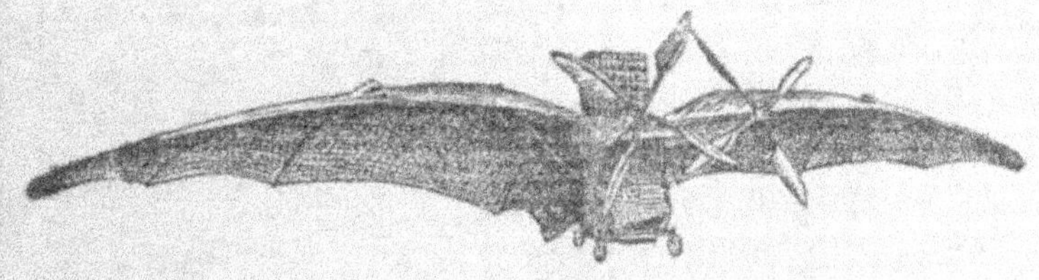

« Le Patrie »   (Ingénieur : Julliot).

L'Action parlementaire

et la

constitution des Groupes de l'Aviation

au Sénat et à la Chambre des Députés

On l'a vu plus haut, le Groupe de l'Aviation aussitôt formé au Sénat, s'était préoccupé d'agir, tandis que le Groupe de la Chambre des Députés, de son côté, intervenait par la parole ou par les écrits de ses membres dans la discussion du budget, dans les manifestations de la Presse et des partisans de l'Aviation.

C'est d'un commun accord que les deux Groupes ont fait inscrire par le Gouvernement et par les deux Chambres un crédit de cent mille francs destiné à encourager, avec toute l'impartialité possible, les progrès de la locomotion aérienne ; et de même, ils ont fait voter une motion tendant à faire accorder la croix de la Légion d'Honneur, par une promotion spéciale, aux bons serviteurs de la Science nouvelle, ce qu'on a appelé, — autre signe caractéristique, — *la Promotion des Aviateurs.*

Le programme du Groupe de l'Aviation au Sénat résume les déclarations approuvées par la Haute Assemblée dans la séance du 5 Novembre ; il a été soumis au Groupe par son président dans sa première séance, le jeudi 26 Novembre, après la constitution du bureau ainsi composé :

Présidents d'Honneur : MM. Ch. de Freycinet et Léon Bourgeois, anciens Présidents du Conseil.

Président : M. d'Estournelles de Constant. Sénateur.

Vice-Présidents : MM. le Général Langlois et Dr Emile Reymond, Sénateurs.

Voici le texte de ce programme tel qu'il a été adopté, après discussion, sur la proposition du Président :

Le programme du groupe de l'aviation au Sénat ne peut être encore que provisoire ; dès à présent son champ est vaste, il a notamment pour objet de réunir, sans distinction d'opinions, les membres de la Haute Assemblée convaincus de l'utilité de développer en France les progrès de la locomotion aérienne et d'encourager la création, dans notre pays, d'une industrie intéressant, en même temps que la science et la civilisation, notre production, notre commerce, notre défense nationale et nos relations extérieures.

Le groupe accueillera, avec la plus complète impartialité tous les efforts, toutes les bonnes volontés qui se manifesteront dans cette voie.

Une commission spéciale sera chargée d'examiner, de transmettre et de recommander, s'il y a lieu, aux ministères compétents les demandes et propositions dont il sera saisi. Elle étudiera les questions nouvelles que soulèvent les applications de la locomotion aérienne, législation nationale et internationale, réglementation, etc.

Elle déterminera les interventions qui lui paraîtront opportunes en vue de réserver l'avenir, notamment en ce qui concerne les terrains d'atterrissage qu'il est déjà temps de prévoir.

Le groupe convoquera dans sa première séance, et le plus souvent possible par la suite, les aéronautes et les aviateurs que son bureau désignera pour mettre ses membres au courant des progrès obtenus dans l'état actuel de la science et des progrès en perspective. Ces conférences techniques pourront être accompagnées de projections.

Il organisera, d'accord avec les associations privées existantes, des visites aux divers champs d'expériences d'aviation.

Il s'efforcera d'obtenir du gouvernement ou des municipalités les facilités désirables pour ces expériences.

Il publiera, s'il y a lieu, un bulletin donnant le compte rendu de ces diverses manifestations.

Conformément à ce programme, le bureau du Groupe commença par convoquer les personnalités qui lui parurent les plus autorisées et les mieux préparées pour mettre ses membres au courant de la question. Cette première séance d'initiation eut lieu au Sénat, le Vendredi 4 Décembre 1908. Les deux conférenciers choisis furent MM. le Commandant Boutticaux, pour l'Aéronautique et M. Paul Painlevé, de l'Académie des Sciences, pour l'Aviation. Des projections cinématographiques accompagnèrent et suivirent ces deux conférences.

Cette première manifestation marquera dans les souvenirs du Sénat ; elle avait été organisée, dans la vaste et belle salle de l'ancienne Chapelle, par la Questure et sur les recommandations personnelles de M. le Président du Sénat, avec une bienveillance et un empressement dont nous conserverons une vive gratitude ; les préparatifs étaient les mêmes que pour l'impressionnante manifestation organisée l'année précédente par le Groupe de l'Arbitrage en l'honneur des délégués Américains à la Conférence de La Haye.

Les membres du Groupe de l'Aviation à la Chambre y étaient, naturellement, convoqués et s'y étaient rendus en grand nombre.

MM. les Présidents du Sénat et de la Chambre des Députés y assistaient, au premier rang, entourés des membres du bureau. C'est devant un auditoire d'environ 400 membres du Parlement que les deux très distingués conférenciers prirent la parole par ordre historique, le dirigeable précédant l'aéroplane, après une courte allocution du Président du Groupe :

Allocution
de M. d'ESTOURNELLES de CONSTANT

Président du Groupe

M. le Président du Sénat,
M. le Président de la Chambre des Députés,
Mesdames,
Mes chers collègues,

Dans sa première réunion tenue la semaine dernière, le Groupe de l'aviation au Sénat a décidé d'entendre la communication d'un aéronaute et celle d'un aviateur. Il a chargé son bureau de faire les démarches nécessaires à cet effet.

Mes collègues, M. le général Langlois, M. le Dr Emile Reymond, et moi, nous avons eu la bonne fortune d'obtenir l'adhésion à ce projet de M. le Commandant Boutticaux, — directeur du parc d'aérostation de Chalais-Meudon, que vous connaissez certainement de nom, qui a conduit le « Ville de Paris » et le « Patrie » à Verdun, — et celle de M. Painlevé, de l'Académie des sciences. M. Painlevé me pardonnera si je dis qu'il n'a pas été considéré jusqu'ici comme aviateur; il a, cependant, le droit de l'être, attendu qu'il a figuré comme passager dans l'aéroplane de M. Wright et dans celui de M. Farman.

Votre bureau a donc estimé et vous serez tous d'accord avec nous pour penser que ces deux éminents conférenciers étaient particulièrement qualifiés pour fournir au Groupe les explications qu'il désire, et, en les remerciant l'un et l'autre d'avoir bien voulu accepter notre invitation. Je commencerai par donner la parole à M. le commandant Bouttieaux. (*Applaudissements.*)

Vous me permettrez cependant de vous donner auparavant lecture des deux lettres suivantes qui vous prouvent avec quel intérêt nos deux éminents Présidents d'honneur suivent nos travaux. Des circonstances tout à fait indépendantes de leur volonté les empêchent aujourd'hui d'être des nôtres, mais ils sont avec nous quand même, soyez en certain, bien avec nous. (*Applaudissements*). J'ai à peine besoin d'ajouter que je suis l'interprète du Groupe en exprimant sa reconnaissance à Messieurs les Présidents des deux Chambres dont la présence à notre première réunion apporte un puissant encouragement aux progrès de la locomotion aérienne. (*Vifs applaudissements*).

Lettre de M. Ch. de FREYCINET

Ancien Président du Conseil

Paris, le 4 Décembre 1908.

Mon cher Président,

Je vous ai dit de vive voix hier pour quels motifs je ne pourrais pas assister à l'intéressante réunion du Groupe de l'Aviation, étant obligé de me rendre précisément à la même heure, avec une délégation du Conseil général de la Seine, chez M. le Ministre des Travaux publics ; mais je veux vous prier d'être l'interprète de mes vifs regrets auprès de nos collègues du Parlement et de vos deux conférenciers que j'aurais voulu, moi aussi, applaudir. Tous deux éveilleront de nobles espérances dans leur auditoire ; leur communication eût, en outre, évoqué en moi le souvenir des grands services déjà rendus par l'aérostation, particulièrement à la défense nationale. Et cette évocation du passé aurait contribué à fortifier ma confiance dans l'avenir. *(Applaudissements).*

Croyez, mon cher Président, à mes sentiments toujours bien dévoués.

C de FREYCINET.

Lettre de M. Léon BOURGEOIS

Ancien Président du Conseil

Paris, le 3 Décembre 1908.

Mon cher Président,

Je regrette vivement de ne pouvoir assister à la réunion de notre groupe qui aura lieu demain vendredi au Sénat.

Veuillez, je vous prie, m'excuser auprès de nos collègues et des éminents conférenciers MM. Painlevé et le commandant Bouttieaux.

Dites-leur bien à quel point je m'intéresse à l'avenir de la science nouvelle à laquelle vous avez eu l'heureuse pensée d'apporter l'appui d'un groupement parlementaire.

L'aviation mérite tout notre intérêt. Ce sera un des plus grands progrès qui aient été réalisés depuis longtemps dans l'ordre matériel et moral.

Elle permettra de rendre plus fréquents et plus étroits encore les rapports entre les divers pays. Elle avancera peut-être l'heure où les hommes, ayant appris à se mieux connaître, auront acquis une plus juste notion du respect mutuel dû aux personnes humaines.

L'aviation aidera aussi à fonder le régime du droit, d'où découlent la paix sociale et la justice internationale. *(Applaudissements).*

Agréez, mon cher Président, l'assurance de mes meilleurs sentiments.

Léon BOURGEOIS.

Le « PATRIE » passant la revue des Dirigeables. (Composition).

(Cliché Raffaele)

CONFÉRENCE

DE

M. le Commandant BOUTTIEAUX

*Directeur de l'Etablissement central
d'aérostation militaire de Chalais-Meudon*

————————

M. le Président du Sénat,
M. le Président de la Chambre des Députés,
Mesdames,
Messieurs,

Sur la demande de M. d'Estournelles de Constant et des Membres du Groupe de l'aviation au Sénat, M. le Ministre de la Guerre a bien voulu me désigner pour vous parler des expériences récentes effectuées avec les ballons dirigeables.

Je tiens tout d'abord à vous remercier de cet honneur, et à vous dire que je suis d'autant plus heureux de vous entretenir de cette intéressante question, qu'hier encore, j'étais à Verdun pour les expériences de « La Ville de Paris », et que je puis vous apporter des impressions absolument récentes.

Le problème de la navigation aérienne consiste à élever et à soutenir un corps pesant au sein de l'atmosphère, à lui faire décrire dans l'espace une trajectoire quelconque, et à l'amener jusqu'au sol sans choc appréciable.

D'où les quatre éléments de la question : *élévation*, *sustentation*, *direction*, et *atterrissage*. Mais l'élévation et l'atterrissage s'obtiennent généralement par une simple modification des forces employées à la sustentation, de sorte qu'en définitive, ces quatre termes se réduisent à deux : *Sustentation* et *direction*.

Le problème de la sustentation peut être résolu par deux systèmes différents :

1° Le premier utilise le ballon comme flotteur ; c'est la sustentation *statique*, simple application du principe d'Archimède ; ce système dit *du plus léger que l'air*, fait l'objet de l'aérostation proprement dite.

2° Le second est basé sur une imitation plus ou moins fidèle du vol de l'oiseau, c'est la sustentation dynamique, ou système *du plus lourd que l'air* ; la branche de l'aéronautique qui s'en occupe est plus spécialement appelée *aviation*.

Quant au problème de la direction, sa solution consiste, dans les deux systèmes, dans l'emploi de propulseurs, généralement des hélices.

Nous nous occuperons de la première de ces méthodes et nous examinerons rapidement les caractères essentiels et les chances d'avenir de la navigation aérienne par ballons dirigeables.

Un aérostat dirigeable est un engin susceptible de prendre une vitesse propre par rapport à l'air ambiant supposé immobile.

Pour réaliser un semblable appareil, on se demanda tout d'abord s'il ne suffirait pas d'imiter l'architecture navale et de munir un ballon d'une simple voile. C'était là une erreur grossière témoignant même d'une certaine naïveté, car le ballon libre dans l'atmosphère se trouve dans un calme complet, quelle que soit la force du vent. Emporté avec la masse d'air qui l'entoure, l'aéronaute ne ressent pas la plus légère brise et, tout est immobile autour de lui, même son drapeau dont les plis tombent verticalement.

Mais l'idée rationnelle qui se fit jour assez rapidement consistait à adapter sur l'aérostat des propulseurs, tels que des rames ou des hélices, actionnés par une source d'énergie suffisamment puissante ; en outre il convenait de donner au ballon une forme allongée afin de diminuer la résistance à l'avancement.

A ce sujet il y a lieu de noter que la fugacité du point d'appui dans l'air n'est pas un obstacle à la marche, et que la navigation aérienne ne se trouve pas, à ce point de vue dans des conditions plus défavorables que la navigation maritime. Si la réaction du propulseur, en raison du rapport des poids spécifiques des milieux, est en effet 800 fois moindre dans l'air que dans l'eau, la résistance à vaincre est réduite dans les mêmes proportions.

Ce qui différencie les deux modes de navigation c'est la vitesse des courants que doivent vaincre les navires, vitesse beaucoup plus considérable pour les courants aériens que pour les courants marins. C'est ainsi que le « Gulf Stream » ne parcourt à sa plus grande vitesse qu'entre 7 et 8 kilomètres à l'heure, tandis que la vitesse moyenne annuelle du vent, mesurée à la Tour Eiffel, dépasse 30 kilomètres à l'heure.

Ainsi donc, par un air calme, un ballon muni d'un propulseur et d'un gouvernail pourra s'élever d'un point du sol, décrire dans l'atmosphère une trajectoire d'un développement plus ou moins considérable, et revenir à son point de départ.

Cette propriété de fermer sa trajectoire, on conçoit, sans entrer dans aucune considération cinématique, que le ballon la conservera dans un air en mouvement, à la condition que *sa vitesse propre soit supérieure à celle du courant dans lequel il se meut.*

Cette vitesse propre est donc la caractéristique intéressante d'un dirigeable, pourvu que les conditions d'équilibre et de suspension soient convenablement réalisées.

La conception du navire aérien a été lumineusement formulée dès 1784 par le général Meusnier, mais un siècle s'est écoulé avant que les divers détails théoriques aient pu être pratiquement réalisés.

Pendant cette longue période de nombreuses tentatives ont cependant été faites. En 1852, c'est Giffard qui installe pour la première fois à bord d'un aérostat un moteur à vapeur avec sa chaudière et son foyer.

En 1872, c'est Dupuy de Lôme qui essaie un dirigeable construit de la manière la plus rationnelle, mais dans lequel la force motrice obtenue simplement à bras d'hommes, était notoirement insuffisante.

En 1883, les frères Tissandier font un nouvel effort pour obtenir la vitesse qui avait fait défaut jusque là, et en employant une dynamo actionnée par une pile à l'acide chromique, réussissent à propulser avec une vitesse de 3 à 4 mètres par seconde un ballon de 1.000 m ^{3}.

Enfin la possibilité de la navigation aérienne

fut vraiment démontrée en 1884, par la sensationnelle expérience du ballon « La France » qui,
monté par les Capitaines Charles Renard et Krebs,
accomplit pour la première fois un parcours
fermé.

La vitesse obtenue fut de 6 m. 50 par seconde,
et à vrai dire, elle ne pouvait guère être utilisée
que pour un appareil de démonstration ; pour
obtenir un véritable navire aérien, il fallait chercher un moteur plus puissant sous le même poids,
devant permettre d'atteindre une vitesse double
soit 10 à 12 mètres par seconde ou 40 à 45 kilomètres à l'heure.

Or, dans un ballon comme d'ailleurs dans un
navire le travail moteur est proportionnel au cube
de la vitesse réalisée. Pour doubler cette vitesse,
il faut donc disposer d'une force motrice huit fois
plus puissante sous le même poids.

En définitive, les perfectionnements à poursuivre se bornèrent à la recherche de moteurs
beaucoup plus puissants que ceux qu'offrait l'industrie.

Dix années s'écoulèrent sans fournir une solution satisfaisante de cette question de l'allègement
des moteurs, mais le problème fut tout à coup
résolu, en raison des exigences de la locomotion
mécanique, et l'automobilisme put fournir cet
admirable moteur à explosions particulièrement
apte à l'accroissement de la vitesse propre des
dirigeables.

Le moteur à essence est en effet un moteur
incomparable tant à cause de sa légèreté, qu'à
cause du faible poids de sa réserve d'énergie ;
tout le monde sait que la consommation horaire
ne dépasse pas 1/2 litre d'essence par cheval soit
350 gr. environ.

Ce moteur à explosions devait donc apporter

aux chercheurs un merveilleux élément de succès, que Santos Dumont eut le mérite d'appliquer pour la première fois en France.

Par sa persévérance, par sa grande habileté sportive et par son audace, Santos Dumont obtint de brillants résultats qui attirèrent l'attention des ingénieurs et des sportmen.

Les accidents de son odyssée montrèrent les dangers d'instabilité des ballons rapides et provoquèrent l'addition des empennages destinés à maintenir la rectitude de direction et à éviter tout mouvement de tangage dangereux.

Le problème de la dirigeabilité est aujourd'hui solutionné et à l'heure actuelle, pour construire un ballon dirigeable, il faut réunir diverses conditions bien connues, savoir :

1° Donner au ballon une forme allongée et dissymétrique, pour diminuer le plus possible la résistance à l'avancement.

2° Supprimer le filet et le remplacer par un dispositif laissant à l'aérostat des surfaces lisses favorables au glissement dans l'air.

3° Assurer la permanence de la forme par un ballonnet compensateur dans lequel on insuffle de l'air dès que l'enveloppe tend à devenir flasque. Cette condition est indispensable excepté pour les ballons à enveloppe rigide comme le « Zeppelin ».

En effet, si l'on suppose le ballon complètement gonflé à terre, lorsqu'il s'élevera, la pression intérieure du gaz ira en augmentant par suite de la diminution de la pression atmosphérique, et la rigidité de forme sera toujours assurée tant que le ballon gagnera en hauteur. On sait que cet excès de pression pourrait même compromettre la solidité de l'enveloppe ; c'est pourquoi il est nécessaire de le limiter au moyen d'un orifice inférieur permettant au gaz de s'échapper dans l'atmosphère dès que l'excès de pression intérieure atteint une valeur donnée.

Mais il n'en est plus de même dans la période descendante ; le ballon arrive dans des couches d'air où la pression augmente progressivement, le gaz intérieur se contracte et la partie inférieure de l'enveloppe devient flasque. Dans cette situation non seulement la direction est très irrégulière, mais la moindre inclinaison longitudinale a pour effet d'accumuler le gaz vers la partie du ballon qui se trouve momentanément en haut et par suite de faire dresser l'aérostat de la manière la plus dangereuse. Il est donc de toute nécessité pour conserver l'invariabilité de forme pendant les périodes de descente, d'introduire dans le ballon un volume de gaz susceptible de compenser la contraction qui résulte de l'augmentation de la pression atmosphérique.

Si l'on disposait dans la nacelle d'un gaz léger obtenu au moyen d'*hydrogène comprimé* ou d'*hydrogène liquide*, cette compensation serait facile à assurer. Malheureusement l'hydrogène comprimé ne peut être emporté en raison du poids considérable des récipients (poids qui atteint plus de 10 kgs., par mètre cube d'hydrogène) ; quant à l'hydrogène liquide, il n'est pas encore entré dans le domaine de la pratique, c'est pourtant ce produit qui fournira peut-être *le lest idéal* de l'avenir, lest susceptible de se transformer à volonté en gaz léger pour le renflouement.

Quoi qu'il en soit, à l'heure actuelle, il faut se contenter d'introduire de l'air dans le ballon au moyen d'un ventilateur. Mais on ne peut songer à introduire purement et simplement cet air en le mélangeant au gaz du ballon ; ce serait en effet s'interdire les renflouements ultérieurs, ce serait aussi transformer le gaz combustible déjà suffisamment dangereux en mélange explosif. Il faut donc séparer la capacité qui doit contenir l'air et lui affecter un ballonnet spécial, dont la capacité doit être calculée d'après la hauteur maxima que l'on compte pouvoir atteindre.

4° Relier la nacelle au ballon par une suspension indéformable qui rende le ballon et la nacelle absolument solidaires, afin que celle-ci ramène tout le système à l'horizontale lorsqu'il tend à s'en écarter dans les alternatives du tangage.

5° Installer un propulseur (hélice en général), commandé par un moteur aussi léger que possible.

6° Organiser un gouvernail d'orientation permettant à l'aéronaute de choisir à son gré la direction à suivre.

7° Installer des empennages pour obtenir la stabilité de route, et la stabilité longitudinale, c'est-à-dire la suppression aussi complète que possible des mouvements de tangage. Ces empennages sont constitués soit par des plans rigides, soit par des boudins gonflés d'hydrogène.

8° Enfin assurer la stabilité sur la verticale, soit par les moyens classiques du lest et de la soupape, soit par des procédés mécaniques.

Les dirigeables existants peuvent être rangés en trois catégories :

> Rigides ;
> Semi rigides ;
> Souples.

Parmi les premiers, il faut citer le dirigeable allemand « Zeppelin », dans lequel la forme générale de l'aérostat est assurée par un bâti

Le « VILLE DE PARIS » (D'après les dernières idées du Colonel Renard). Ingénieurs : Surcouf et Kapferer.

rigide en aluminium, formant une cage recouverte d'étoffe, et à l'intérieur de laquelle se trouvent un certain nombre de petits ballons dont la forme importe peu d'ailleurs puisqu'elle est masquée par la carcasse. Dans ce modèle, les nacelles font corps, pour ainsi dire, avec le ballon proprement dit.

Le type « Lebaudy » est dans la catégorie des semi-rigides, et le bâti n'existe qu'à la partie inférieure, la forme invariable du ballon étant maintenue par une pression intérieure suffisante. C'est également dans cette catégorie que peuvent être rangés le « Gross », dirigeable militaire allemand, et le nouveau dirigeable militaire italien.

Enfin, les dirigeables souples sont caractérisés par ce fait que l'aérostat se compose de deux parties nettement séparées ; en bas la nacelle et tous les organes qui y sont invariablement fixés : en haut le ballon entièrement souple, et entre les deux des liens flexibles. Telle était « La France », en 1884, tels sont aujourd'hui la « Ville de Paris », le « Bayard Clément », le dirigeable allemand « Le Parseval », le dirigeable anglais, le « Nulli Secundus », etc.

L'enveloppe des dirigeables actuels est constituée par une étoffe double caoutchoutée comprenant deux tissus de coton et deux couches de caoutchouc, l'une entre les deux tissus, l'autre vers l'intérieur du ballon ; l'étanchéité est ainsi parfaitement assurée, ce qui permet de conserver le ballon gonflé pendant plusieurs mois. En outre la couche intérieure, en contact direct avec le gaz, préserve le tissu de l'altération par les impuretés accidentelles.

Pour maintenir l'invariabilité de formes de cette enveloppe, on donne au gaz intérieur une surpression de 3o $^{m/m}$ d'eau suffisante pour assurer les formes du modèle avec une vitesse de 4o kilomètres à l'heure. Des soupapes s'ouvrent automatiquement dès que la surpression atteint 4o $^{m/m}$ d'eau.

L'allongement est de 5 à 6 ; à titre de renseignements, l'allongement était de 6 diamètres pour le ballon « La France », et de 5,5, pour le Santos-Dumont N° 6, qui a gagné le prix Deutsch, en accomplissant le parcours St-Cloud — Tour Eiffel — St-Cloud.

Le ballonnet a un volume suffisant pour permettre d'atteindre l'altitude de 2.000 mètres sans risques de vacuité du ballon à l'atterrissage. Il est divisé en un certain nombre de compartiments par des cloisons non étanches et percées de trous, de manière à éviter que la masse gazeuse se précipite d'une extrémité à l'autre et menace la stabilité de l'ensemble.

Un gouvernail vertical sert à faire tourner le ballon à droite ou à gauche, suivant les indications du pilote. Des gouvernails horizontaux permettent d'obtenir une certaine force ascensionnelle ou descensionnelle par la réaction dynamique de plans obliques sur l'air en mouvement ; ce dispositif permet de lutter contre les ruptures d'équilibre accidentelles, en inclinant plus ou moins les plans dans un sens ou dans l'autre, et il devient ainsi possible, en supprimant la consommation de lest, d'augmenter dans de très grandes proportions le rayon d'action des dirigeables.

Parmi les navires aériens qui ont fait tout récemment l'objet d'expériences décisives, j'examinerai tout spécialement ceux dont j'ai eu la bonne fortune de suivre officiellement les essais et de contrôler les résultats.

Le premier d'entre eux est le dirigeable « Lebaudy », créé par l'Ingénieur Julliot et essayé à partir de 1902. C'est avec ce ballon qu'apparaît le premier aérostat dirigeable capable d'effectuer de véritables voyages avec toutes garanties de sécurité.

En 1906, un autre dirigeable la « Ville de Paris », de modèle absolument différent, a été construit par M. Surcouf en collaboration avec M. Kapferer, d'après les dernières conceptions du regretté Colonel Renard et pour le compte de M. Deutsch (de la Meurthe).

Ces deux ballons ont servi de types pour la construction des dirigeables militaires actuels.

Dans le dirigeable « Lebaudy », une idée maîtresse domine toutes les autres considérations et constitue la caractéristique de l'aréostat : c'est la liaison aussi étroite et aussi rigide que possible de la nacelle au ballon en vue de constituer un ensemble compact, presque entièrement métallique, formé par des tubes d'acier ou nickel, des câbles d'acier de haute résistance et de l'aluminium.

Pour donner au navire aérien une stabilité convenable on l'a muni de larges surfaces planes, tant horizontales que verticales, comprenant des cadres en tubes d'acier nickel sur lesquels sont tendues des étoffes ignifugées. La partie inférieure du ballon vient s'aplatir sur un cadre horizontal qui sert en même temps à fixer d'une part les attaches du ballon, d'autre part les suspentes de la nacelle. Ce cadre remplace la poutre armée qui d'ordinaire supporte directement la nacelle et les engins de manœuvre, et sert à répartir sur une plus grande longueur les points d'attache du ballon.

La partie la plus importante de l'empennage est

le papillon, constitué par deux plans de forme cruciale fixés à l'arrière du ballon.

A ce sujet, il convient de remarquer que la stabilisation par les plans horizontaux et verticaux qui a donné de si heureux résultats, avait déjà fait ses preuves dans la navigation sous marine, où ces dispositifs sont fréquemment employés.

C'est ainsi que les torpilles automotrices capables de fournir une vitesse de 3o nœuds ou 15 mètres par seconde ont une stabilité parfaitement assurée, par une empennage de surface restreinte placé à l'extrémité arrière.

La nacelle est suspendue au cadre elliptique et il a suffi de lui donner des dimensions convenables pour le groupe moteur et les aéronautes. Elle a donc la forme d'un petit bateau à fond plat de 1 m. 6o de largeur sur 5 mètres de longueur.

Les hélices, au nombre de deux, sont placées symétriquement à droite et à gauche de la nacelle et tournent en sens contraire, elles sont construites en tôle d'acier, mesurent 2 m. 5o de diamètre et tournent à 1000 tours comme le moteur. La nacelle est consolidée par une sorte de béquille formant pyramide qui vient se poser à terre au moment de l'atterrissage et met ainsi les hélices à l'abri de toutes détériorations.

Les essais du premier ballon « Lebaudy » ont commencé en 1902 ; ils ont montré la nécessité de modifier divers organes, et notamment d'augmenter les empennages pour obtenir la stabilité de direction.

En 1903 et 1904 le dirigeable étend son rayon d'action, et se déplace de Moisson à la Galerie des Machines, puis de Paris à Chalais. L'année 1905 sert à l'étude des applications militaires, grâce à la généreuse initiative de MM. Lebaudy qui offrent d'entreprendre à leurs frais un voyage au long cours, avec des officiers à bord. Le ballon part de Moisson pour se rendre par étapes à la frontière de l'Est ; il fait escale à Meaux, à la Ferté-sous-Jouarre où il subit un violent orage, puis au Camp de Châlons. Là une bourrasque plus violente provoque malheureusement la déchirure de l'enveloppe et tout le matériel est transporté par voie de terre dans la place de Toul.

Les expériences reprennent le 6 octobre ; le dirigeable effectue avec succès de nombreuses sorties dans le périmètre du camp retranché et jusqu'à Nancy, sorties auxquelles prennent part les Officiers de la Place de Toul, le Général commandant le 20ᵉ corps d'armée et le Général commandant la 39ᵉ division. Le 24 octobre, les expériences militaires du dirigeable reçoivent leur consécration officielle. M. Berteaux, ministre de la Guerre, qui inspectait nos forts de l'Est, ayant exprimé le désir de visiter le parc du dirigeable, des ordres furent donnés en vue de tenir le ballon prêt à fonctionner pour 2 heures du soir. A l'heure dite, le Ministre prit place dans la nacelle avec son Officier d'ordonnance pour une ascension de reconnaissance qui s'effectua d'ailleurs dans les meilleures conditions.

A la suite de ces expériences concluantes le dirigeable « Le Lebaudy » fut acheté par l'Etat et un modèle spécial de ballon dirigeable militaire fut construit en 1906, avec les derniers perfectionnements inspirés par les expériences récentes.

Ce modèle, le dirigeable « Patrie » a donné de remarquables résultats dans sa brillante, quoique trop courte carrière.

Le 15 Décembre 1906, après les essais de réception, il se rendait à Chalais-Meudon par la voie des airs, sous la conduite de son équipage militaire.

En 1907, il effectue de nombreux voyages de plus en plus prolongés (Paris-Etampes aller et retour, Paris-Fontainebleau aller et retour).

M. Clémenceau, Président du Conseil, M. le Ministre de la guerre, des membres du Parlement, tiennent à se rendre compte par eux-mêmes des conditions d'emploi du navire. Sur un ordre spécial de M. le Gouverneur Militaire de Paris, le dirigeable assiste à la Revue du 14 Juillet.

Le 8 Août, il se rend à Rambouillet, par un fort vent contraire, atterrit devant M. le Président de la République, puis regagne son port d'attache à Chalais-Meudon.

Enfin, le 23 Novembre, a lieu le départ définitif du dirigeable pour Verdun, son port d'attache, et le trajet s'effectue sans aucun arrêt ni incident.

L'atmosphère devait malheureusement prendre bientôt sa revanche. Huit jours à peine après son arrivée à la frontière, « Patrie » forcé d'atterrir dans la campagne par suite d'une panne de moteur, fût enlevé par la tempête, malgré les efforts de 200 hommes qui ne purent parvenir à le maîtriser.

La place de Verdun, ne resta d'ailleurs pas longtemps privée de dirigeable.

Ainsi que nous l'avons dit tout à l'heure, M. Deutsch (de la Meurthe), avait fait construire en 1906 par M. Surcouf, le ballon « La Ville de Paris » et les expériences faites en 1907, avec cet aérostat, piloté par M. Kapferer, avaient été des plus probantes.

Ce dirigeable rentre dans la catégorie des dirigeables souples ; d'une manière générale, les dimensions sont à peu près les mêmes que celles du « Patrie », soit 60 m. de longueur, 10 m. 50 de diamètre. La force motrice est sensiblement équivalente 60-70 H P.

Mais les caractéristiques des deux types de dirigeables sont absolument différentes.

La nacelle du dirigeable « Ville de Paris », est très allongée (35 m.) et sert de poutre armée comme dans le ballon « La France » ; les suspentes métalliques partant des pattes d'oie de la ralingue comme sur le ballon, viennent se fixer directement sur cette nacelle, laquelle est construite en tringles de sapin, avec assemblages consolidés par des cornières d'aluminium.

L'hélice unique est placée tout à fait à l'avant de la nacelle ; elle est construite en bois, mesure 6 m. 20 de diamètre et tourne à 120 tours par minute ; ses branches sont à inclinaison variable suivant le système préconisé par le Colonel Renard et elles prennent automatiquement la position donnant le rendement maximum pour la vitesse considérée.

La stabilité est obtenue par un empennage pneumatique des plus curieux, imaginé par le Colonel Renard et qui est constitué par des faisceaux de ballonnets cylindriques gonflés d'hydrogène, placés à l'arrière du ballon, suivant une disposition cruciforme. Ils forment deux surfaces d'empennages, l'une verticale, l'autre horizontale.

Le dirigeable comporte un gouvernail vertical et des gouvernails horizontaux, constitués par des plans superposés de forme cellulaire.

Au lendemain de la perte de « Patrie », M. Deutsch (de la Meurthe), avec une générosité patriotique, à laquelle tous ont applaudi, offrait au Ministre de la guerre, d'affecter « La Ville de Paris » à la défense nationale. Après des essais préliminaires, effectués en Décembre 1907, qui permirent de reconnaître la valeur de l'engin, l'offre fut acceptée, et le départ du dirigeable pour Verdun, eut lieu le 15 janvier 1908.

Je ne saurais me rappeler sans une pointe de patriotique émotion ces deux voyages, à travers la moitié de notre territoire, de « Patrie » et de « La Ville de Paris », rejoignant leur poste à la frontière. Le premier parcours s'effectua d'une seule traite, en plein jour. Pour le second, une panne du moteur nécessita un atterrissage à Valmy, en face de la statue du général Kellermann.

Mais l'accident aussitôt réparé, le ballon reprit son vol à 5 heures et demie du soir, se dirigea par une belle nuit d'hiver, au-dessus de l'Argonne couverte de neige, et, à 7 heures, vint atterrir au garage de Verdun en présence de toute la garnison et d'une sympathique population enthousiasmée.

Depuis cette époque « La Ville de Paris » est restée au poste qui lui avait été affecté.

En 1908, de nouveaux dirigeables ont fait leur apparition. C'est le ballon militaire « La République » du type « Patrie », construit d'après les mêmes données, avec divers perfectionnements inspirés par les expériences récentes, puis le « Bayard-Clément », construit par MM. Surcouf et Kapférer, pour le compte de M. Clément, le grand industriel, sur le type de la « Ville de Paris ». Ce ballon a fait des essais brillants et, pour ses débuts, a accompli, d'une seule traite, le voyage de Sartrouville-Pierrefonds, aller et retour, soit plus de 200 kilomètres, à l'allure moyenne de 43 kilomètres à l'heure.

Enfin d'autres modèles ont effectué récemment diverses expériences, ce sont le dirigeable mixte Malécot et le dirigeable de sport du Comte de La Vaulx.

La « Ville de Paris », dont je parlais tout à l'heure vient d'accomplir, autour de Verdun, une

La nacelle du « RÉPUBLIQUE » en cours de marche (1908).

(Cliché Rol)

campagne d'automne pour l'instruction des équipages. Au cours de cette campagne, nous avons pu parcourir tous les environs du camp retranché à des altitudes variables ; je citerai en particulier l'ascension du 29 Novembre, au cours de laquelle la reconnaissance des ouvrages fortifiés était des plus intéressantes, grâce à un temps très clair qui permettait au dirigeable planant à 1.000 mètres d'altitude de découvrir admirablement tout le terrain, depuis les sombres forêts d'Argonne jusqu'à la plaine de Woëvre, s'étendant vers la frontière.

Il est absolument nécessaire de procéder à de fréquents exercices avec ces ballons dirigeables qui sont d'un maniement un peu délicat. Ces exercices sont indispensables pour donner confiance au personnel, et pour lui apprendre à se tirer d'une situation difficile. C'est ainsi que, au début de sa récente campagne, le « Ville de Paris » eut une panne de moteur qui le força à atterrir à 6 kilomètres de son garage. Grâce au zèle et au dévouement déployés par nos braves sapeurs aérostiers, nous pûmes arriver à ramener le ballon à bras jusqu'à son hangar, au milieu d'obstacles et de difficultés considérables. La panne fut réparée d'urgence et bientôt le dirigeable reprenait le cours de ses ascensions.

Ces expériences sont enfin utiles pour montrer au pays et à l'armée la valeur des engins nouvellement affectés à la défense nationale.

En somme, à l'heure actuelle, les ballons dirigeables ne doivent plus être considérés comme des engins susceptibles d'accomplir quelques rares et timides essais ; mais ils constituent des appareils capables de rendre des services réguliers. Ils ont donc à jouer un rôle des plus importants, en attendant qu'ils soient eux-mêmes supplantés par les appareils plus lourds que l'air qui viennent de faire si brillamment leurs débuts.

Aussi doit-on suivre à la fois les progrès réalisés dans les deux branches de l'aéronautique, par le plus léger et par le plus lourd que l'air.

En ce qui me concerne, je dois ajouter que j'ai été absolument émerveillé par mon premier voyage en aéroplane avec Wilbur Wright, et que j'attends avec impatience le moment où il me sera possible d'étudier à nouveau la conduite de cet aéroplane, d'un si puissant intérêt.

L'élan est maintenant donné, et les efforts vont se multiplier pour constituer les machines volantes, ballons dirigeables ou aéroplanes, appelées à rayonner dans les routes aériennes.

C'est évidemment avec les engins plus lourds que l'air que l'on arrivera à la conquête définitive de l'atmosphère, et nous allons assister à cette victoire qui marquera une étape dans l'histoire de l'humanité.

La France doit être la première en ligne dans cette marche vers le progrès. Après avoir étonné le monde, il y a 120 ans, par la sensationnelle découverte des Montgolfier, il faut que nous tracions aujourd'hui devant les autres nations la voie dans laquelle il convient de chercher le succès.

Et c'est ici, messieurs, que je me permets de vous demander un chaleureux appui pour cette question si intéressante et si particulièrement française. C'est aussi dans ce but que travaillent les aérostiers militaires, en collaboration intime avec leurs distingués collègues des sociétés aéronautiques, pour le plus grand profit de la science, pour la prospérité de notre industrie et pour le plus vif éclat de notre prestige national. (*Vifs applaudissements répétés*).

CONFÉRENCE

DE

M. Paul PAINLEVÉ

de l'Académie des Sciences

Monsieur le Président du Sénat,
Monsieur le Président de la Chambre,
Mesdames, Messieurs,

M. d'Estournelles de Constant et les membres du Groupe de l'aviation du Sénat, m'ont fait le grand honneur de m'inviter à vous exposer les progrès récents des aéroplanes. De cet honneur, je tâcherai de me rendre digne en étant aussi précis et aussi bref que possible. J'éviterai donc tout développement sur l'histoire *du plus lourd que l'air*, si dramatique que soit cette histoire, ainsi que toute considération sur son avenir ; c'est là un sujet où le difficile n'est point d'imaginer, mais bien de réfréner son imagination. Je me bornerai à vous dire avec exactitude ce que peuvent faire les aéroplanes d'aujourd'hui.

Un aéroplane — nul ne l'ignore depuis ces derniers mois — c'est essentiellement un plan un peu incliné vers le haut (de l'arrière à l'avant) et dont l'envergure à droite et à gauche, l'emporte beaucoup sur sa largeur dans le sens transversal. Si par exemple il a six mètres à droite et six mètres à gauche, sa largeur de l'arrière à l'avant n'est que de deux à trois mètres. A ce plan incliné, est fixée une hélice horizontale qui tourne très rapidement dans l'air sous l'action d'un moteur. Cette hélice propulse l'appareil en avant, exactement comme une hélice marine tournant dans l'eau propulse un navire. Imaginons l'appareil fixé sur un chassis léger d'automobile : propulsé par son hélice, il se met en marche et roule d'abord sur le sol comme une automobile, avec une vitesse croissante. L'air, souffleté par le plan incliné qui s'avance rapidement, lui résiste par en dessous, tend à le soulever tout en s'opposant à sa marche, et le soulève si la vitesse devient suffisante.

La résistance de l'air croît en effet très rapidement avec la vitesse. Par exemple, admettons que, pour une vitesse de 20 kilomètres à l'heure, la résistance de l'air allège de 200 kilos le poids d'un aéroplane ; pour une vitesse double (c'est-à-dire de 40 kilomètres à l'heure), ce n'est pas une poussée double mais quadruple, donc de 800 kilos, que l'air exercera par en dessous sur l'aéroplane. Si l'appareil pèse 500 kilos, quand l'hélice lui aura communiqué une vitesse de 20 kilomètres il aura déjà perdu 200 kilos de son poids ; si sa vitesse continue à croître, bien avant qu'elle ait doublé, l'appareil se soulèvera au dessus du sol, et il volera tant que sa vitesse restera suffisante.

On voit que l'aéroplane n'est nullement comparable à un ballon, même dirigeable, ou à un navire. Que le moteur du navire ou du ballon s'arrête, le navire continue à flotter sur la mer ou le ballon dans l'air. Au contraire, toute défaillance du moteur entraîne l'atterrissage de l'aéroplane ; car dès que l'hélice cesse de le propulser, sa vitesse, ralentie par la résistance de l'air, devient trop faible pour qu'il se soutienne au dessus du sol. En un mot, l'aéroplane marche sur le vent et contre le vent ; dès que l'air cesse de le souffleter avec une suffisante vigueur, il atterrit plus ou moins brusquement.

Aéroplanes et hélicoptères

J'insiste sur ce fait que l'hélice d'un aéroplane est horizontale et sert à pousser l'appareil en avant et non point à le soulever verticalement. Il est d'autres appareils où l'hélice au contraire est verticale et propulse l'appareil de *bas en haut* ; on les appelle des *hélicoptères*, pour signifier qu'ils ont comme ailes des hélices. Ces appareils ont l'avantage de s'élever verticalement, tandis qu'un aéroplane a besoin d'un certain champ pour prendre son vol. Néanmoins, cette seconde solution du « plus lourd que l'air » est très inférieure à la première, et voici pourquoi.

Pour les aéroplanes actuels, la résistance qui s'oppose à la marche varie entre le $1/8$ et le $1/5$ de leur poids ; il faut donc que la force de propulsion de l'hélice soit égale, elle aussi, au $1/8$ ou au $1/5$ de ce poids ou intermédiaire. Dans un hélicoptère, la force de propulsion de l'hélice verticale doit au contraire être égale au poids total de l'appareil. Il faut en outre que l'appareil soit propulsé en avant. L'hélicoptère exige donc beaucoup plus de son ou ses hélices que l'aéroplane.

On a imaginé d'autres appareils qui ont de

véritables ailes battantes comme les oiseaux ; d'autres encore, dont le principe est le même que celui des fusées, mais tous ces appareils valent actuellement moins que l'hélicoptère et a fortiori que l'aéroplane.

L'aéroplane et l'oiseau

La théorie de l'aéroplane s'éclaire par la comparaison avec le vol de l'oiseau. On s'imagine en général que l'oiseau, quand il vole, bat sans cesse des ailes verticalement : c'est ce qu'il fait en effet quand il s'élève droit au dessus du sol, mais ce n'est pas ainsi qu'il vole le plus souvent. La photographie instantanée nous montre que, l'oiseau, quand il vole horizontalement dans un air calme, garde les ailes étendues, et de temps à autre donne du bout extrême de ses ailes un coup de rame horizontal qui le propulse en avant. Dans un tel vol, l'oiseau est tout-à-fait comparable à un aéroplane ; les deux ailes forment un plan incliné, et les coups de rame du bout des ailes remplacent les tours de l'hélice.

Monoplans, biplans, triplans

Dans la description sommaire qui précède, j'ai supposé que l'aéroplane ne comprenait qu'un seul plan incliné ; l'appareil est dit alors un monoplan. Beaucoup d'appareils comprennent deux plans inclinés parallèles, placés l'un au dessus de l'autre ; l'appareil, dit alors biplan, est comparable à un oiseau qui aurait deux paires d'ailes superposées. On a construit également des triplans, et on se propose de construire des multiplans.

Enfin nous avons supposé l'hélice placée à l'arrière de l'appareil et le propulsant ; on peut la placer à l'avant, elle tirera alors l'aéroplane. — Au lieu d'une hélice on peut en employer deux. Mais dans tous ces cas le principe de la théorie reste le même.

(Ici le conférencier montre un modèle réduit de biplan, muni d'une hélice mise en mouvement par un ressort en caoutchouc).

Le moteur

D'après ce qui précède, pour qu'un aéroplane se soutienne en l'air, une condition indispensable c'est que l'hélice, et par suite son moteur, soit capable de lui conserver, malgré la résistance de l'air, une vitesse suffisante. D'où la nécessité d'un moteur à la fois puissant et léger. Cette condition essentielle est aujourd'hui remplie grâce à l'industrie de l'automobile, et c'est là peut-être le plus grand service que l'automobile aura rendu à l'humanité. Il existe aujourd'hui des moteurs qui pèsent moins de 3 kilos par cheval, et si leur constance laisse encore à désirer, s'ils sont sujets à de trop fréquentes défaillances c'est là une question de mise au point industrielle qui n'exige plus qu'un effort de quelques années.

L'équilibre de l'aéroplane

Mais le moteur n'est pas tout dans un aéroplane. Muni d'un moteur assez puissant, il *peut* voler : pour qu'il vole effectivement il faut qu'il conserve une orientation correcte dans l'espace. L'appareil doit donc être construit de manière à garder son équilibre quand il vole horizontalement, en ligne droite, à sa vitesse normale, dans un air parfaitement calme. Mais cela ne suffit pas encore : cet équilibre, il faut qu'il résiste aux perturbations possibles, aux remous de l'air. Il faut que l'appareil ne penche ni à droite ni à gauche, ni en avant ni en arrière ; il ne faut pas non plus que sa direction dévie : en un mot, il ne doit ni rouler, ni tanguer, ni festonner, ou du moins il ne doit le faire que très légèrement. Comment réaliser une telle stabilité ?

Deux solutions principales sont en présence : La première, que j'appellerai celle de l'équilibre *volontaire*, laisse au pilote la charge de faire immédiatement les gestes nécessaires pour réprimer les trois modes de déséquilibre que je viens d'énumérer. La seconde solution est celle de l'équilibre *automatique* ; l'appareil doit être construit de façon à revenir de lui-même à sa position normale, quels que soit les caprices du vent et sans que le pilote intervienne. La première solution est celle des Wright, la seconde est celle qu'ont adoptée, par exemple, les frères Voisin. Il existe enfin des solutions intermédiaires, que réalisent les nombreux monoplans des aviateurs Français, monoplan Blériot, monoplan Esnault-Peltrie, etc.

Parmi les aviateurs français, c'est Farman monté sur un appareil Voisin qui a tenu tête le plus heureusement aux deux aviateurs américains. Je comparerai donc avec quelque détail le système Wright et le système Voisin.

Je parlerai d'abord de l'équilibre volontaire et du système Wright.

L'équilibre volontaire

Imaginons un pilote monté sur un monoplan à une hélice. Comment s'opposera-t-il au *tangage* de l'appareil ? Comment l'empêchera-t-il de se cabrer, ou au contraire de piquer du nez vers le sol ?

Le Zeppelin n° 1 évoluant au-dessus du lac de Constance.

Cliché de Vuibert et Nony.

A cet effet, en avant de l'appareil est disposé un plan horizontal de petites dimensions que le pilote, à l'aide d'une commande, peut incliner vers le haut ou vers le bas ; si l'appareil pique du nez, le pilote incline légèrement vers le haut ce gouvernail horizontal de façon qu'il reçoive les filets d'air par *en dessous ;* l'appareil se redresse alors comme un oiseau qu'on soulèverait sous le bec. Si au contraire l'aéroplane se cabre, on fait la manœuvre inverse ; les filets d'air attaquent par *en dessus* le gouvernail horizontal et l'appareil s'incline vers le bas.

Le même gouvernail permet au pilote de monter ou de descendre. Qu'on l'incline vers le haut, par exemple, et l'appareil monte. C'est pourquoi on appelle souvent gouvernail de profondeur le gouvernail horizontal.

Le pilote est ainsi en état de réprimer le tangage. Par quel moyen maintenant s'opposera-t-il aux *girations* inconsidérées de l'appareil ? Comment l'empêchera-t-il de mettre le cap à droite ou à gauche de la direction voulue ?

Il n'aura pour cela qu'à manœuvrer un gouvernail vertical, placé à l'arrière de l'aéroplane et qui fonctionne exactement comme celui d'un navire. Ce même gouvernail servira également au pilote à virer, quand il le voudra.

Enfin pour réprimer le *roulis* de l'appareil, pour le redresser s'il penche à droite ou à gauche, le pilote disposera d'une commande permettant de gauchir l'extrémité des ailes. Si l'appareil s'incline à gauche, le pilote gauchira les ailes en accentuant l'inclinaison de l'aile gauche et en effaçant celle de droite ; dans le cas contraire, il fera la manœuvre inverse.

Ainsi, contre les trois modes possibles de

déséquilibre, le pilote disposera de trois manœuvres.

L'appareil schématique que je viens de décrire aurait une souplesse merveilleuse, il serait fringant et rapide, ce serait en quelque sorte le pur sang de l'air, mais cette souplesse serait corrélative d'une extrême instabilité. Aucun aviateur ne s'est encore aventuré sur un tel coursier.

Plus tard sans doute, quand l'éducation de l'homme-oiseau sera plus avancée, c'est sur un appareil analogue que l'homme fera de la haute école aérienne, qu'il tentera le vol plané, le vol à la voile sans moteur ; mais l'homme n'est encore qu'un débutant parmi les oiseaux et ce n'est point sur un pur sang ombrageux qu'un novice fait son apprentissage de cavalier.

Le « *Flyer* » *Wright*

L'appareil Wright est un frère un peu assagi du précédent. Au lieu d'un monoplan à une hélice, c'est un biplan à deux hélices, mais quant au reste, il est réduit aux organes que nous venons de décrire. Les Wright sont les premiers aviateurs qui aient osé supprimer tout procédé de stabilisation automatique, queue, quille verticale, etc.. Quant à l'effet stabilisateur du double plan des ailes, c'est là une question sur laquelle les aviateurs ne sont point d'accord et que je ne discuterai pas ici. Le fait acquis c'est que, sur un tel biplan, Wilbur Wright a manœuvré au dessus du camp d'Auvours avec la sûreté que l'on sait.

J'ai parlé constamment dans ce qui précède du plan des ailes: en réalité les ailes d'un monoplan ou d'un biplan ne sont pas rigoureusement planes. Dans l'appareil Wright comme dans tous les autres, elles forment une sorte de voûte légèrement incurvée, de façon que l'air arrive tengentiellement et sans brutalité sur l'avant des ailes, les tende et les soulève puissamment, sans les heurter. Dans le biplan Wright, cette courbure des ailes est minutieusement étudiée pour que la puissance sustentatrice de l'air soit tout entière employée sans qu'une partie se dissipe en choc.

Durant les 70 minutes que j'ai passées à son bord, j'ai pu examiner attentivement les gestes de Wright : sa main gauche, qui à l'aide d'un levier manœuvre le gouvernail d'avant, n'a point de repos ; sans cesse, par degrés insensibles elle incline dans un sens ou l'autre les deux petits plans horizontaux qui constituent ce gouvernail. Ces deux plans d'ailleurs s'incurvent un peu d'eux-mêmes dès qu'ils s'inclinent, de façon à accueillir eux aussi les filets d'air tangentiellement.

Cette manœuvre incessante du gouvernail d'avant est indispensable en l'absence de queue stabilisatrice : l'aéroplane est animé d'un tangage persistant que le pilote doit constamment réprimer comme le bicycliste, avec son guidon, rétablit sans trêve l'équilibre de sa machine. Si, par exemple, le pilote laissait le biplan piquer du nez d'une manière exagérée, le vent attaquerait les ailes par en dessus, les inclinerait brutalement vers le bas et l'appareil ferait une chute dangereuse.

Quant à la main droite de Wright, elle tient un levier susceptible d'un double mouvement, qui commande à la fois le gouvernail vertical d'arrière et le gauchissement des ailes. Cette main reste immobile quand l'appareil vole en ligne droite dans l'air calme ; mais dans les virages elle doit en même temps — et sans que la main gauche cesse de manœuvrer — tourner le gouvernail d'arrière et gauchir les ailes, de manière à donner au biplan une inclinaison convenable vers l'intérieur du virage ; car l'appareil doit s'incliner en virant comme s'incline une bicyclette.

On conçoit qu'une telle manœuvre exige une éducation spéciale et une grande indépendance des réflexes des deux bras ; mais en revanche si le pilote est suffisamment adroit et entraîné, le « flyer » sera sous sa main d'une docilité remarquable ; il pourra effectuer des virages de petit rayon parfaitement corrects, décrire des huits, des spirales, etc. Wilbur Wright semble d'ailleurs accomplir toutes ces manœuvres avec une sûreté automatique. Une seule fois, au cours de notre voyage, un remous de vent nous entraînait hors d'une extrémité du camp ; Wright ramena son appareil comme un cheval après un écart et lui fit faire un virage rapide en l'inclinant fortement sur l'horizon. Je compris, aux applaudissements d'en bas, qu'il venait d'accomplir quelque chose d'émouvant, mais je m'en doutais à peine ; j'aurais eu les yeux fermés que je ne me serais aperçu de rien, tant la stabilité de l'équilibre était restée parfaite.

L'atterrissage et le départ de Wright

Disons maintenant quelques mots de l'atterrissage. On a répété pendant des années que l'atterrissage serait toujours fatal à l'aéroplane. « En « effet disait-on, ou bien il gardera sa grande « vitesse horizontale en touchant le sol (et quel « danger !), ou bien il perdra cette vitesse et fera « une chute verticale ; point d'autre alternative « qu'un écrasement dans le sens horizontal et un « écrasement dans le sens vertical ». En réalité, l'atterrissage est une des moindres difficultés de l'aéroplane et l'atterrissage de Wright en particulier est si simple que, comme le bonheur, il n'a pour ainsi dire pas d'histoire. Wright, en abaissant son gouvernail d'avant, commence par descendre en pente douce ; à quelques mètres du sol, il coupe l'allumage, et plus près encore du sol, il redresse son appareil, opposant franchement sa voilure à l'air ; il perd ainsi presque complètement sa vitesse horizontale et sa vitesse verticale reste faible. Ses patins s'enlisent enfin dans le sol et s'arrêtent sur un espace de deux ou trois mètres. La manœuvre est tout à fait comparable à celle de l'oiseau qui se pose. Le choc est moindre que celui qu'on ressent en automobile lorsque le chauffeur freine un peu brutalement.

Quant au départ de Wright, bien que celui-ci ait dans ses dernières expériences renoncé à son pylone, il convient de remarquer qu'il n'emporte point avec lui le chariot sur lequel est placé initialement l'appareil ni le rail sur lequel roule ce chariot. Au contraire, ses concurrents français peuvent repartir n'importe où, sur un terrain à peu près plat, avec les seuls moyens du bord. Pour faire comme eux, il suffirait à Wright de fixer son biplan sur un chassis d'automobile, mais il s'alourdirait, et il est vraisemblable qu'avec son moteur actuel il ne serait plus capable d'emporter un passager.

(Ici, le conférencier projette quelques photographies de l'appareil Wright au repos, au départ, et en plein vol).

L'équilibre automatique. — Le biplan Voisin

Je passe maintenant à la description de l'appareil Voisin celui qui a valu de si brillants succès à Farman et à Delagrange. Cet appareil est un biplan comme le « flyer » des Wright, mais les Voisin, ainsi que nous l'avons dit, ont cherché à lui donner un équilibre automatique. A cet effet ils le munissent d'une longue queue, qu'ils cloisonnent ainsi que les deux ailes de leur biplan à l'aide de plans verticaux, comme on cloisonne ces cerfs-volants en forme de boîte à cigares qu'emploient les météorologistes, et dont la stabilité défie les vents les plus capricieux. L'intervalle compris entre les ailes du biplan ainsi cloisonné présente l'aspect de cellules ouvertes à l'avant et à l'arrière. Une telle disposition cellulaire avait déjà été préconisée par Chanute, le célèbre aviateur Français établi en Amérique et employé par Santos-Dumont, lors de son fameux vol à Bagatelle en 1906. Mais les Voisin ont mis ce procédé au point, de la manière la plus heureuse. Grâce aux proportions bien choisies de diverses parties de l'appareil, il est stable automatiquement (au moins dans un air qui n'est pas trop tumultueux) contre le roulis, la giration et le tangage. Ses ailes sont rigides, et non plus gauchissables comme dans le « flyer » Wright, mais, comme dans ce dernier, un gouvernail horizontal est installé à l'avant pour les montées et les descentes, et un gouvernail vertical est installé dans la cellule de queue pour les virages. Le pilote d'un biplan Voisin n'a donc à effectuer que deux manœuvres. Sous sa main se trouve un volant qu'il peut soit tourner comme un volant d'automobile, soit pousser devant lui ou tirer à lui. Quand l'appareil, roulant sur son chariot d'automobile, a atteint une vitesse suffisante il suffit au pilote de pousser le volant ; ce petit geste fait de lui un aviateur : le gouvernail d'avant s'incline vers le haut, l'appareil s'envole. Pour virer, le pilote tourne le volant dans un sens ou dans l'autre et l'appareil vire en prenant de lui-même l'inclinaison convenable, sans que le pilote ait aucune manœuvre à faire pour réprimer ou provoquer cette inclinaison.

Le biplan Voisin est donc beaucoup plus facile à conduire que le biplan Wright. Le pilotage d'un Wright exige une éducation préalable et une adresse assez exceptionnelle. Pour piloter un appareil Voisin, il faut avant tout de la résolution. La meilleure preuve est que Dela-grange et Farman, qui étaient entièrement neufs dans le sport de l'aviation, mais qui avaient pour eux leur décision et leur sang-froid, ont volé l'un et l'autre presque immédiatement.

Mais cette commodité de manœuvre est achetée par plusieurs inconvénients. Tout d'abord, le biplan Voisin est plus lourd que le Wright ; il monte moins vite, il atterrit moins légèrement. De plus, il est moins docile à la manœuvre ; ses virages, bien que parfaitement stables, sont plus longs et moins corrects que ceux de Wright. Enfin, et c'est là le plus grave inconvénient, il offre une résistance plus grande à l'avancement, et par suite exige un moteur plus puissant, (40 chevaux contre les 25 de Wright). C'est pourquoi malgré sa plus grande vitesse, (70 kilo-mètres à l'heure au moins, au lieu des 60 de Wright), les défaillances de son moteur ont laissé Farman fort au dessous des records des Wright, non seulement en durée, mais en distance.

Records comparés des appareils Wright et Voisin

Ces différences bien spécifiées entre les deux écoles, rappelons rapidement leurs principaux records : Wilbur Wright a tenu l'air plus d'une heure et demie, couvrant 80 kilomètres officiellement mesurés, en fait plus de 90 kilomètres ; à trois reprises, il a volé une heure et plus avec un passager ; il s'est élevé à plus de 80 mètres, coupant l'allumage à belle hauteur, et descendant comme un oiseau (1). Quant à l'école française, son recordman a été d'abord Farman qui, le premier, a doublé le kilomètre, puis, jusqu'au 29 septembre, Delagrange avec deux vols d'une demi-heure et un parcours officiel de 25 kilomètres (ou 30 kilomètres effectifs au moins). Mais à partir du 29 septembre, Farman prend définitivement l'avantage ; le 2 octobre il tient l'air 44 minutes et demie, couvrant plus de 50 kilomètres effectifs ; le 28 octobre, il accomplit à grande hauteur une véritable randonnée à travers le Camp de Châlons ; m'ayant à bord, il vole 1600 mètres et vire avec sûreté. Le 30 octobre, il effectue le premier voyage de ville à ville, sa fameuse traversée de Châlons à Reims, par dessus les villages, la ligne du chemin de fer, les grands peupliers et le moulin de Mourmelon.

(Ici, le conférencier projette plusieurs photographies des appareils Farman et Delagrange).

Les projections cinématographiques qui défileront devant vous tout à l'heure vous montreront la différence d'aspect, en plein vol, du flyer

---

(1) On sait que, depuis que cette conférence a eu lieu, Wright a volé 2 heures 20, couvrant 140 kilomètres effectifs, et qu'il a gagné le prix de hauteur de 110 mètres.

Le « BAYARD-CLEMENT » à Compiègne   (1er Novembre 1908).

Wright et du biplan Farman. Le Wright, avec son léger tangage, semble un oiseau qui s'abandonne à l'air ; le Farman, avec sa longue queue, a sur sa trajectoire la fermeté d'une flèche lancée.

Les dangers des deux appareils

Quels sont les risques qu'on court sur un tel appareil? Ces risques sont bien moindres qu'on ne se l'imagine d'ordinaire. Le plus vraisemblable, est une panne du moteur ; mais il faut bien se garder de croire que, dans ce cas, tout soit perdu. Si l'appareil est bien gouverné, il imitera l'oiseau, s'inclinera un peu au dessous de l'horizon, descendra *sans s'accélérer* sur une pente assez faible, se redressera un peu avant de toucher le sol et atterrira sans violence, pourvu que le sol ne soit pas semé d'obstacles.

Mais c'est là une manœuvre très délicate ; une faible erreur peut transformer la descente en chute, chute d'autant plus brutale que l'appareil tombe de plus haut. C'est pourquoi il faut apporter beaucoup de prudence dans un tel apprentissage et n'accroître que graduellement la hauteur à laquelle on coupe l'allumage. La manœuvre est relativement plus facile sur un Voisin que sur un Wright ; mais en revanche, si les deux appareils sont gouvernés *pour le mieux*, le Wright effectue sa descente plus légèrement.

C'est ce qui explique que W. Wright soit le seul jusqu'ici qui ait osé descendre, moteur éteint, d'une assez grande hauteur [1].

Il importe de remarquer que l'aviateur, *une fois maître de la manœuvre*, aura tout avantage à voler haut ; car, en cas d'arrêt du moteur, il

---

[1] 60 mètres dans ses plus récentes expériences.

accroîtra ainsi son rayon possible d'atterrissage et pourra choisir un terrain favorable. Le gypaëte, quand il descend d'une altitude de 1.000 mètres, peut atterrir à une distance de 23 kilomètres (ou à toute distance moindre) sans donner un coup d'aile. Quand les aviateurs seront tant soit peu gypaëtes, ils n'auront plus rien à redouter des caprices de leur moteur.

Un autre accident, irrémédiable celui-là, serait une rupture de l'appareil, surtout d'une aile. Mais la chose n'est ni plus dangereuse, ni plus probable que la rupture d'une roue d'automobile.

Un troisième accident qui menace le Wright, c'est l'arrêt d'une seule de ses hélices. Voisin, lui n'emploie qu'une hélice, de petit diamètre et tournant très vite (1.100 tours à la minute). Le rendement mécanique d'une telle hélice est moins bon que celui des deux grandes hélices plus lentes (500 tours par minute) des Wright. En outre, son action tend à faire pencher l'appareil de côté, et il faut corriger cette tendance (ce qui n'est pas d'ailleurs très difficile). Mais ces désavantages sont en partie rachetés par la simplicité de la transmission, car l'hélice est embrayée directement sur l'arbre du moteur. De plus, la rupture de l'hélice ne fait point chavirer l'appareil. En employant au contraire, deux hélices tournant en sens inverse, Wright évite toute dissymétrie ; mais les transmissions sont plus compliquées et plus fragiles : deux chaînes de démultiplication, dont l'une croisée et passant dans deux tubes rigides, relient le moteur aux deux hélices. Procédé barbare aux yeux de tout ingénieur, mais que justifie le succès ! Or, il est certain que si une de ces chaînes vient à se rompre [1], l'hélice commandée par l'autre chaîne continuera à fonctionner et le « flyer » chavirera, à moins que le pilote n'ait eu le temps de couper l'allumage et de redresser l'appareil avant de toucher le sol.

C'est la rupture d'une hélice qui a causé l'accident d'Orville Wright et la mort de son compagnon, le lieutenant Seldfridge. Cette rupture ne tenait point à la défaillance d'une chaîne, mais à une simple inadvertance de construction.

Pour emmener un passager, Orville avait agrandi ses hélices, et l'une d'elles tournait un peu trop près d'un fil de commande du gouvernail : elle se prit dans ce fil au cours d'un virage, et rejeta violemment le gouvernail vers l'autre hélice, qui se brisa. L'étude minutieuse de l'accident prouvait qu'il n'atteignait en rien la sûreté de manœuvre du « flyer », mais on pouvait craindre qu'il ne jetât une défaveur injustifiée sur le système Wright et sur le plus lourd que l'air en général. C'est pourquoi j'avais demandé à accompagner W. Wright dans le vol d'une heure qu'il devait accomplir devant la commission technique. Mais la confiance du public n'avait nullement été ébranlée ; avant l'arrivée de la commission, W. Wright avait enlevé de nombreux passagers, dont deux femmes et un enfant, volé seul une heure et demie, volé 56 minutes avec M. Reichel, 1 heure quatre minutes avec M. Fordyce, et la sécurité de son appareil n'était plus à démontrer.

---

(1) Dans le courant de décembre, cet accident est arrivé, pour la première fois, à W. Wright, mais il a eu le temps de redresser son « flyer ».

Les monoplans Français

Messieurs, j'ai comparé jusqu'ici le système Wright et le système Voisin, parce que ce sont les deux systèmes qui, actuellement, détiennent les records, et qu'il me fallait vous exposer les plus frappants des résultats acquis, non point ceux qui seront acquis demain. Mais si pressé que je sois par le temps, comment passer sous silence cette brillante et héroïque pléiade d'aviateurs français, qui depuis six ans a tant fait et qui fera plus encore pour l'aviation? A la suite de Tatin et du capitaine Ferber, sont venus Blériot, Esnault-Pelterie, Kapferer, Gastambide, Mangin et tant d'autres, pour ne point parler de Santos-Dumont qu'on peut ranger parmi les aviateurs Français. La plupart se sont constitués les champions du monoplan, de l'élégant et ombrageux monoplan.

C'est sur un monoplan qu'Esnault-Pelterie, à la fois constructeur, inventeur de moteurs et pilote, s'est élevé à une hauteur de 30 mètres et fait une chute dangereuse. Les ailes de ce monoplan ont été minutieusement étudiées, et ont une puissance sustentatrice remarquable.

Blériot a multiplié les tentatives et les appareils, dépensant sa fortune, risquant vingt fois sa vie. Ses monoplans, comme le « flyer » Wright, exigent une triple manœuvre ; mais au lieu de gauchir les ailes, Blériot relève ou abaisse deux ailerons latéraux. Sur un tel appareil il a effectué, par un vent violent, un vol de 8 minutes avec plusieurs virages ; sur un autre monoplan, il a accompli sa belle traversée de la Beauce, de Toury à Artenay, revenant à son point de départ après avoir atterri, et parcourant ainsi une distance totale de 28 kilomètres, à une vitesse de près de 80 kilomètres à l'heure.

Vous pourrez admirer sur les projections cinématographiques, la souplesse des appareils Blériot ou Esnault-Pelterie, qui plus encore que le Wright rappellent l'oiseau ; mais vous pourrez constater aussi leur extrême sensibilité.

De multiples procédés de stabilisation ont été employés par les divers constructeurs pour assagir le monoplan : longue queue horizontale contre le tangage, quille verticale, forme en V très ouvert donnée aux ailes, le V étant tourné vers le haut comme chez Blériot, ou vers le bas comme chez Esnault-Pelterie. Toutefois, malgré toute l'ingéniosité ainsi dépensée, le virage jusqu'ici s'est montré fatal aux monoplans. Il reste aux partisans de ces appareils à en construire un qui soit capable de virer sans danger. Ce jour là, ils seront récompensés de leur inventive et audacieuse persévérance, et leur effort portera tous ses fruits. Car il n'est point douteux qu'un monoplan rendu stable par des artifices assez délicats pour n'accroître qu'à peine ses résistances, serait le roi de l'air.

L'histoire de l'aéroplane

Messieurs, les progrès surprenants accomplis par les aéroplanes cette dernière année, nous permettent d'augurer qu'ils nous surprendront encore dans les années qui vont suivre. En 1905, quand les Wright annoncèrent qu'il avaient volé une demi-heure, personne (ou peu s'en faut), ne les crut. Le 16 février dernier, M. Armengaud, dans une conférence faite au Conservatoire des Arts et Métiers, annonçait que l'année vraisemblablement ne s'écoulerait pas sans qu'on eût effectué des vols de 10, 20 et même 30 kilomètres, et ces prévisions faisaient sourire bien des incrédules [1]. Bien que je me sois interdit tout développement historique, il n'est point sans intérêt d'indiquer brièvement comment cette foudroyante réussite a été préparée.

Voici un demi-siècle au moins que, grâce aux progrès des machines, le plus lourd que l'air est sorti du domaine du rêve pour entrer dans celui du possible. En France, dès 1860, un groupe de savants et d'ingénieurs s'attaquaient résolument au problème ; ils instituaient la Société Française de navigation aérienne, dont l'activité battait son plein vers 1873. S'aidant des travaux de l'ingénieur de la marine Joëssel sur la navigation sous-marine, plus tard des photographies de Marey, ils élucidèrent les lois de la résistance de l'air, les mystères du vol plané et du vol à voile. Ponton d'Amécourt, Pénaud, Hureau de Villeneuve étaient à la tête du mouvement ; l'Académie des Sciences récompensait leurs travaux. Ils croyaient toucher au but, il leur manquait le moteur. Leur échec jeta le discrédit sur leurs travaux, dont l'avenir devait démontrer la justesse. L'étonnante expérience de Satory en 1877, où Ader se souleva pendant 160 mètres un peu au dessus du sol, avec une machine à vapeur et sa chaudière, passa en France presque inaperçue. C'est la même indifférence qui, en 1896, accueillit en Angleterre la tentative de Maxim, assez analogue à celle d'Ader, et en Allemagne les travaux et la mort de Lilienthal. Quand celui-ci se tua dans une de ses audacieuses glissades aériennes, l'Allemagne, qui aujourd'hui acclame Zeppelin, ne s'émut point.

____

(1) Wright comme je l'ai rappelé, a parcouru récemment 140 kilomètres.

C'était pourtant le père de l'aviation moderne qui succombait ; mais du moins il léguait à ses futurs émules sa méthode et ses résultats.

Les tentatives coûteuses et avortées d'Ader et de Maxim, la mort de Lilienthal, celle d'un ses imitateurs, le jeune ingénieur anglais Pilcher, semblaient, à la fin du siècle dernier, avoir découragé en Europe les aviateurs. Aux États-Unis, Chanute et le célèbre physicien Lengley, poursuivaient obstinément la solution du problème, et construisaient monoplans, biplans, triplans. Mais ce n'est pas à la légère que Lilienthal avait écrit : « Inventer un appareil volant ce n'est rien ; le construire, c'est peu de chose ; l'essayer est tout ». Le succès ne pouvait venir qu'à des hommes capables à la fois de concevoir un appareil et de l'essayer. C'est ici que les Wright entrent en scène.

L'histoire des Wright est connue de tous. Constructeurs de bicyclettes à Dayton, un livre de Marey et ses photographies du vol des oiseaux les orientent vers l'aviation. Pendant près de trois ans, le long des grèves désolées de l'Atlantique, ils multiplient, conformément à la méthode de Lilienthal, les longues glissades aériennes sur un biplan sans moteur, mais très semblable à leur « flyer » actuel. En 1903, ils publient, en quelques pages remarquablement précises, les résultats de leurs expériences, et s'occupent de construire un moteur assez léger pour être adapté à leur biplan. A partir de ce moment, ils s'enveloppent d'un véritable mystère. Mais leurs expériences de vol plané, signalées en France par l'apôtre infatigable de l'aviation, le capitaine Ferber, ont réveillé le zèle des chercheurs ; les Voisin, soutenus par un Mécène de l'aviation M. Archdeacon, — Mécène et plus encore initiateur et propagandiste, —

répètent sur les dunes de Berck les expériences
de Lilienthal et des Wright, et ce sont ces essais
qui les ont conduits aux biplans bien équilibrés
de Farman et Delagrange. Ferber lui-même,
Blériot, Esnault-Pelterie et d'autres entrent dans
la lice. A la fin de 1905, les Wright annoncent
qu'ils ont volé pendant plus d'une demi-heure,
mais, comme je l'ai dit, sauf quelques avertis
personne ne les croit. Bientôt pourtant Santos-
Dumont (en 1907) vole 220 mètres, puis Farman,
Delagrange, Blériot en 1908 font métier d'oiseau,
et quand les expériences officielles des Wright
commencent en France (août 1908) et en
Amérique (septembre 1908), ils ont déjà
de redoutables rivaux. On peut dire que le
système Wright d'une part, le système Voisin
d'autre part, sont deux branches du tronc
Lilienthal-Chanute, la seconde postérieure à la
première, mais indépendante. Au contraire,
les monoplans Français se rattachent plutôt à
l'école de Langley et d'Ader. Je voudrais
à ce sujet, appuyer le vœu déjà mainte fois
exprimé que l'Avion d'Ader, muni d'un moteur
moderne, fût soumis à une nouvelle expérience ;
il n'est point douteux qu'il volerait, et la
perfection de ses organes, le gauchissement
minutieusement étudié de ses ailes et de ses hélices
déformables pourraient être d'un utile enseignement pour les futurs aviateurs.

Dirigeables et aéroplanes

Je terminerai cette trop longue conférence
en comparant brièvement les aéroplanes à leurs
frères aînés dont M. le Commandant Bouttieaux
vous entretenait tout à l'heure. Loin de moi
la pensée de dénigrer ces monstres aériens où le

Le ballon mixte « MALÉCOT ».

génie humain a déployé tant les ressources et qui pendant quelques années encore sont appelés à rendre de brillants services. Mais n'est-il pas évident qu'ils approchent aujourd'hui du terme de leurs progrès ? Leur énorme volume, leur vulnérabilité, les vastes hangars qu'ils exigent et les difficultés d'entrée et de sortie, leur prix de revient, les dépenses de chaque expédition, sont des défauts dont rien ne les guérira. Mais surtout leur vitesse actuelle ne saurait être beaucoup dépassée. La supériorité actuelle du dirigeable c'est qu'il est muni d'un moteur plus sûr : pour une expédition à longue distance, il a donc l'avantage sur l'aéroplane. Mais il ne l'aura plus demain, quand on aura mâté les caprices des moteurs légers. Dès aujourd'hui, pour les randonnées à court rayon, l'aéroplane, qui n'en est pourtant qu'à son balbutiement, est plus rapide, plus maniable et incomparablement moins coûteux, à services égaux, que le dirigeable. Il n'est donc point téméraire de dire, comme l'indiquait d'ailleurs M. le Commandant Bouttieaux, que le dirigeable est destiné à être supplanté un jour par le plus lourd que l'air. En admettant qu'il faille une génération pour que l'homme apprenne son métier d'oiseau, j'estime que le rôle du dirigeable sera terminé d'ici vingt ans.

Mesdames, Messieurs, je me suis promis de ne point empiéter sur l'avenir, et je m'arrête. Mais puisque j'ai la bonne fortune et l'honneur de parler devant les représentants du pays, qu'il me soit permis d'exprimer le même souhait que tout à l'heure M. le Commandant Bouttieaux.

La France est aujourd'hui le centre de l'aviation. Aucun pays ne peut s'enorgueillir d'une pléiade d'aviateurs comparable à la nôtre, et si les Wright sont Américains, c'est la France qui la première leur a fait confiance; le souvenir du camp d'Auvours est inséparable de leur gloire.

Hé bien ! il faut qu'aucun effort ne soit épargné pour que la France reste demain, comme elle l'est aujourd'hui, le centre de l'aviation. Il faut que ce soit elle qui fasse ce don à l'humanité : des ailes. C'est la France qui a créé l'automobilisme, et tout le monde sait les multiples bénéfices qu'elle a retirés de cette initiative : des milliards gagnés, son industrie vivifiée, son prestige intellectuel accru, voilà le bilan. Si c'est en France que l'industrie de l'aéroplane prend sa forme définitive et se développe, cette création ne vaudra pas seulement à notre pays d'énormes profits commerciaux et une prodigieuse réclame industrielle ; elle lui vaudra aussi ce prestige et cette reconnaissance universels que pourra légitimement revendiquer le peuple qui, le premier, aura eu foi dans ce merveilleux instrument de l'avenir. *(Vifs applaudissements répétés).*

. . . .

. . . .

Après diverses projections cinématographiques, M. Painlevé a prononcé l'allocution suivante :

Permettez-moi, Mesdames et Messieurs, au nom du Commandant Bouttieaux et au mien, de

remercier M. le Président du Sénat, M. le
Président de la Chambre, les Membres du Sénat
et de la Chambre, du très grand honneur qu'ils
nous ont fait ennous écoutant avec une si bienveillante attention. Laissez-nous espérer que cette
séance est de bon augure pour l'avenir de l'aviation
en France. *(Nouveaux applaudissements).*

Allocution de M. Antonin DUBOST

Président du Sénat

Mesdames,

Mes chers collègues,

On me demande de remercier en votre nom — je ne saurais m'y refuser — M. le commandant Bouttieaux et M. Painlevé, nos savants et éloquents conférenciers, d'avoir bien voulu nous apporter sur l'objet même de notre réunion des renseignements si clairs, si précis, si puissamment intéressants ! Vous les avez tous écoutés avec une attention passionnée qui se justifie d'elle-même, puisque ce qu'ils nous ont expliqué n'est rien moins que ceci : l'homme a désormais des ailes, et sa pesanteur délivrée prend son élan sur les routes bleues de l'espace infini. (*Applaudissements.*)

Comment notre reconnaissance pourrait-elle assez se manifester envers les glorieux inventeurs dont les travaux et le génie persévérant ont permis d'atteindre un pareil résultat ! Jamais nous ne ferons assez pour leur gloire !

Mais, en même temps, Messieurs, qu'il nous soit permis de reporter, en ce moment, notre pensée jusqu'aux efforts accumulés par lesquels

Fac-simile d'une gravure allemande représentant Lilienthal.
(Cliché de Vuibert et Nony).

toute l'humanité antérieure, luttant patiemment contre les fatalités terrestres, nous a, de génération en génération, amenés en quelque sorte sur le seuil de cette immensité nouvelle! N'est-il pas naturel, en effet, que nous songions à ces ancêtres obscurs et à jamais inconnus, qui surprirent l'étincelle sacrée du feu; à ceux qui, les premiers, captèrent le vent dans la voile, à ceux enfin qui firent rouler le char, ce char que nous devions un jour — et c'est hier — atteler avec la vapeur et l'électricité? (*Applaudissements.*)

Et maintenant, dans les cieux ouverts, que les aéronautes nous préparent de nouveaux destins! qu'ils sillonnent surtout des routes pacifiques! (*Très bien! très bien!*) qu'ils s'affranchissent à la fois du sol pesant et des lourdes haines, permettant ainsi à l'homme d'aller vers l'homme d'un cœur allégé et épuré! (*Vifs applaudissements.*)

Février 1909. — Cette belle manifestation du Sénat vient d'avoir son pendant à la Chambre des Députés; c'est donc devant l'ensemble du Parlement que les deux conférenciers auront pris la parole; et c'est l'ensemble du Parlement qui aura donné sa consécration à la locomotion aérienne.   E. C.

Lilienthal en plein vol plané

L'Avion d'Ader prenant son essor (1893-1897).

Diverses

Applications *de* l'Aviation

L'Aviation et la Science

Les cerfs-volants

Les cerfs-volants sont les plus anciennement connus de tous les appareils susceptibles de s'élever dans les airs et leur invention se perd dans la nuit des temps.

Or, tandis que les chercheurs tournaient leurs efforts vers la découverte des moyens de s'élever et de naviguer dans l'espace, il semble que jusqu'à ces dernières années ils n'aient jamais songé à faire une application sérieuse du cerf-volant considéré obstinément comme un jouet d'enfant.

C'est à un Australien, M. L. Hargrave, que l'on doit surtout d'avoir mis en vogue le cerf-volant il y a près de vingt ans et d'avoir provoqué un revirement en faveur de cet appareil jusque-là trop négligé.

Maintenant, dans tous les pays, on s'attache à perfectionner le cerf-volant dans un but scientifique et militaire et ses applications surgissent de toutes parts, chaque jour plus nombreuses.

La météorologie, la photographie aérienne, la télégraphie sans fil, trouvent dans le cerf-volant un instrument d'un intérêt capital; le cerf-volant est employé comme signal, comme engin de sauvetage, comme appareil d'ascension.

I

Un cerf-volant est un corps plus lourd que l'air qui se maintient à l'état de planement par l'effet de la pression du vent sur une ou plusieurs surfaces inclinées, tant que l'appareil reste fixé au sol par une ligne de retenue.

C'est, en somme, l'aéroplane captif dans lequel l'effort de traction de l'hélice est remplacé par celui de la ligne.

Un simple plan pesant, relié au sol par une cordelette attachée en un point situé au-dessus de son centre de gravité peut, en théorie, se tenir en équilibre sous l'influence d'un vent régulier. Mais, dans la pratique, il faut modifier profondément cet appareil idéal pour le transformer en un cerf-volant capable de s'élever effectivement dans l'air.

On sait que le vent est extrêmement capricieux et qu'il se propage sous forme d'espèces de vagues parfois régulières mais le plus souvent troublées. Pour parer aux variations continues du vent, aux changements brusques de sa vitesse et de sa direction, on doit réagir d'abord par l'interposition d'une bride élastique entre la ligne de retenue et le cerf-volant proprement dit ou par tout autre dispositif reportant en avant le point d'attache. De cette façon, on permet au cerf-volant d'osciller autour de sa position moyenne sans pour cela rompre définitivement son équilibre.

On augmente considérablement la force de soulèvement du cerf-volant en développant le plus possible la surface portante dans le sens transversal et en assurant la rigidité du bord antérieur, à la façon des longues ailes des oiseaux.

Le pouvoir sustentateur est encore accru si l'on divise cette surface portante en éléments parallèles, séparés comme les lames d'une jalousie, et si l'on incurve convenablement les surfaces.

Par l'adjonction d'une longue queue, ou par l'échelonnement rationnel des surfaces vers l'arrière, on arrive à réduire notablement l'importance des oscillations du cerf-volant autour de l'horizontale et à lui donner une certaine stabilité d'inclinaison.

Mais c'est seulement par l'emploi des surfaces directrices, c'est-à-dire par des plans orientés dans le lit du vent, perpendiculairement au plan du cerf-volant proprement dit, qu'on parvient à obtenir des cerfs-volants réellement stables dans l'air.

Parfois le plan directeur existe sans être différent du plan sustentateur avec lequel il se trouve en quelque sorte combiné : on a alors les cerfs-volants dièdres, dans lesquels les deux moitiés planes du cerf-volant sont rejetées en arrière comme les ailes d'un papillon, et les cerfs-volants convexes, où la surface est simplement recourbée en arrière de son axe.

De l'emploi simultané de plusieurs plans sustentateurs et de plusieurs plans directeurs, ou d'une série de plans formant dièdres et jouant à la fois le rôle de sustentation et de direction, résultent les cerfs-volants cellulaires qui se présentent sous l'aspect d'une série de boîtes ouvertes aux deux bouts.

On voit, par cette rapide analyse, combien la combinaison de ces dispositifs conduit à donner aux cerfs-volants les formes les plus variées, tout en restant rationnelles.

Si on recherche des cerfs-volants devant s'élever par des vents faibles, il faudra des appareils très légers, dont le poids, par mètre carré de surface, sera inférieur à un demi-kilogramme et auxquels on devra pour cela même donner une forme voisine du plan.

Si, au contraire, on recherche des cerfs-volants devant tenir par des vents violents, on pourra construire des appareils relativement lourds, pesant environ un kilogramme par mètre carré, mais très solides, à monture absolument rigide et pourvus de surfaces stabilisatrices très développées.

Mais il ne faut pas perdre de vue que si le cerf-valant est toujours utile, son emploi n'est indispensable que lorsque le vent est fort et met les ballons, de quelque modèle qu'ils soient, dans l'impossibilité de l'élever. Aussi, est-il naturel que les efforts des chercheurs aient été tournés pendant ces dernières années vers la découverte des cerfs-volants capables de résister aux vents violents et qu'ils aient abouti aux formes complexes dérivées pour la plupart du système cellulaire.

C'est d'ailleurs seulement lorsque le vent est fort que les cerfs-volants ont un pouvoir de soulèvement suffisant pour recevoir des applications réellement utiles.

II

Les cerfs-volants employés aujourd'hui sont de types très divers. L'espace nous manque pour les décrire, il en est de même de l'outillage nécessaire pour les manœuvrer, nous passons donc sans transition à leur application.

Les applications du cerf-volant sont multiples.

Dans l'histoire, on en trouve déjà quelques exemples : les Chinois, avant notre ère, utilisaient les cerfs-volants dans l'art de la guerre.

L'aéroplane de Sir Hiram Maxim.

Franklin s'en servit aussi pour sa célèbre expérience sur l'électricité atmosphérique. Mais, c'est depuis quelques années seulement que les applications du cerf-volant ont pris une réelle importance.

D'abord, la pratique du cerf-volant est un sport très en honneur dans certains pays. Les Orientaux se livrent volontiers à des combats de cerfs-volants et les Américains en font l'objet de concours en vogue.

Mais, à côté du point de vue sportif, il y a le côté utilitaire.

Il convient de signaler en particulier l'emploi des cerfs-volants pour les recherches météorologiques, pour les sauvetages en mer, pour les signaux, pour la photographie aérienne, pour la télégraphie sans fil et pour les ascensions. Nous ne parlerons pas ici de la photographie aérienne, de la météorologie et de la télégraphie qui font l'objet d'articles spéciaux dans le même ouvrage.

Cerfs-volants de sauvetage. — Les cerfs-volants offrent un moyen simple de porter secours aux navires en détresse.

On sait les difficultés énormes qu'on éprouve à établir une ligne entre la côte et un navire en perdition : l'emploi des cerfs-volants est tout indiqué pour porter le fil qui formera l'amorce d'un va-et-vient entre le navire échoué et la terre.

Il suffira de lancer du navire vers la côte un tandem de cerfs-volants qui pourra aisément franchir une distance de plusieurs kilomètres. Sur la ligne principale on placera de distance en distance des fils verticaux, sortes d'amarres formant guide-ropes, qui permettront d'attirer la ligne aérienne à terre quand elle sera arrivée au-dessus du sol.

Si l'on doit atteindre de la côte un navire échoué, on pourra y parvenir soit en faisant dévier la direction de la ligne des cerfs-volants de celle du vent par des dispositifs spéciaux, comme les brides dissymétriques, soit en faisant balayer en quelque sorte l'espace occupé par le navire en déplaçant le treuil le long de la côte.

Cerfs-volants signaux. — L'emploi des cerfs-volants est tout indiqué pour les signaux qu'il importe de faire à grande hauteur afin qu'ils soient nettement visibles et aperçus à de grandes distances.

Ces signaux sont d'une utilité incontestable dans la marine, pour faire communiquer les navires entre eux, dans les explorations, où les communications sont parfois si difficiles à obtenir; à la guerre, pour permettre au Commandant en chef de donner au moment opportun l'ordre d'un mouvement général ; aux manœuvres, pour transmettre instantanément certains ordres généraux à toutes les troupes.

C'est ainsi qu'en France on a fait aux manœuvres des signaux au moyen de grandes flammes triangulaires rouges suspendues à 400 mètres de hauteur à un tandem de cerfs-volants.

Ascensions en cerfs-volants. — L'ascension d'un observateur est l'application la plus séduisante des cerfs-volants et on l'a tentée depuis bien longtemps.

Dans les premières recherches, les expérimentateurs, et notamment M. Lanson en Amérique, se firent enlever au moyen d'immenses appareils, ce qui n'était pas sans danger. Mais, peu après, ils y substituèrent des tandems de cerfs-volants plus faciles à manœuvrer et beaucoup plus sûrs.

C'est ainsi que le capitaine Baden-Powell, en Angleterre, a employé un tandem de plusieurs cerfs-volants hexagonaux accouplés parallèlement dont l'ensemble était relié au sol par deux lignes de retenue entre lesquelles se trouvait suspendue la nacelle. En Amérique, le lieutenant Wise utilisait deux tandems de cerfs-volants Hargrave et se faisait élever au moyen d'une corde auxiliaire passant sur une poulie fixée au point de jonction des câbles des tandems.

Actuellement, les cerfs-volants sont couramment utilisés pour les observations militaires en Russie et en Angleterre.

Dans la marine russe, on emploie dans ce but des cerf-volants du type Hargrave, très robustes et facilement démontables, d'environ 3 m. 65 de longueur sur 2 m. 20 de largeur, avec brides à 4 brins réglables. Pour soulever un observateur, on emploie généralement 7 ou 8 cerfs-volants que l'on réunit en enfilade sur un câble unique qui les traverse. Le premier cerf-volant est lancé d'un mât du navire avec 40 ou 50 mètres de câble ; les autres, espacés de 4 mètres, se lancent du pont et leur ascension est aidée par le cerf-volant de tête. Enfin, on fixe la nacelle à 4 ou 5 mètres plus bas que le dernier cerf-volant et on laisse filer l'ensemble jusqu'à ce que la hauteur voulue soit atteinte.

Dans l'armée anglaise, on emploie des cerfs-volants Cody plus légers ; ils se composent, comme les Hargraves de deux cellules rectangulaires, mais possèdent en outre deux grandes ailes légèrement rejetées en arrière et des petits ailerons dans les angles des cellules. Le câble est généralement tendu par un tandem de cinq cerfs-volants ; le cerf-volant de tête est seul entièrement libre, les autres sont attachés par leur bride au câble qui passe en outre dans un anneau placé à la partie supérieure entre les ailes. La nacelle est fixée à un cerf-volant remorqueur du même type et l'observateur s'élève en postillon.

III

Ainsi, l'intérêt et l'utilité du cerf-volant se trouvent surabondamment démontrés par les multiples applications dont il est susceptible.

Par ses qualités diverses, qui sont en quelque sorte complémentaires de celles du ballon, le cerf-volant doit être appelé à rendre des services analogues, mais dans des circonstances différentes. La faculté de fonctionner par les grands vents, la simplicité de sa construction, la rapidité de sa mise en œuvre, qui ne nécessite aucune opération préliminaire, font du cerf-volant un instrument éminemment commode et utile.

D'ailleurs, le cerf-volant, dont la valeur scientifique et la valeur pratique n'ont été révélées que depuis peu de temps, est un instrument susceptible de perfectionnements. Le jour où son étude sera poursuivie comme elle le mérite, où son emploi sera plus développé, nous aurons des appareils plus appropriés aux buts spéciaux auxquels ils sont destinés et dont la perfection même suggérera des applications nouvelles.

Capitaine Tʜ. BOIS.

Modèle de l'aéroplane LANGLEY.   (Cliché Vuibert et Nony)

Application des ballons

et des cerfs-volants

à la Météorologie

L'emploi des ballons et des cerfs-volants en météorologie comme moyen d'étudier les hautes régions de l'atmosphère est une des applications scientifiques les plus fécondes et les plus remarquables de ces engins.

Les observations faites à la surface du sol donnent déjà des résultats intéressants et utiles, mais, comme la masse entière de l'atmosphère participe aux phénomènes généraux, on se trouve dans l'obligation d'observer et de sonder l'air à toutes les altitudes.

Les ballons et les cerfs-volants prennent ainsi une importance considérable en météorologie pour l'étude de la physique du globe et la prévision du temps.

Le procédé le plus immédiat qui s'offre à l'esprit pour explorer les diverses couches atmosphériques est l'emploi du ballon monté.

Depuis la célèbre ascension de Gay-Lussac, en 1804, les aéronautes ont fréquemment donné leur concours aux météorologistes. En observant les thermomètres, baromètres, hygromètres, etc., en prélevant des échantillons d'air, en étudiant les phénomènes magnétiques, ils apportent les plus précieux renseignements aux savants qui coordonnent leurs observations et en déduisent les lois générales.

Parmi les ascensions les plus remarquables effectuées dans cet ordre d'idées, on doit citer celles de M. Berson qui a pu atteindre l'altitude de 10.000 mètres.

Depuis 1896, et grâce à la Commission internationale d'Aéronautique, les ascensions scientifiques sont organisées de façon à permettre, à des époques périodiques, d'observer les phénomènes atmosphériques simultanément en différents points de la terre.

Mais il est facile d'obtenir plus simplement des résultats analogues en confiant des appareils enregistreurs à des petits ballons captifs, à des cerfs-volants ou à des ballons-sondes capables de les transporter à des altitudes bien supérieures.

La méthode d'observation par cerfs-volants, établie d'abord par M. Rotch aux Etats-Unis, a été perfectionnée et employée en France par M. Teisserenc de Bort dont l'observatoire de météorologie dynamique installé à Trappes (Seine-et-Oise) a servi de modèle aux établissements similaires. Aujourd'hui des stations météorologiques aériennes sont installées dans tous les pays, notamment à Saint-Pétersbourg, à Hambourg, à Lindenberg, etc...

A l'Observatoire de Trappes, on opérait de la façon suivante : Les cerfs-volants, du type Hargrave à cellules rectangulaires ayant l'aspect de caisses légères sans fonds ni couvercles, sont retenus par des câbles d'acier légers enroulés sur un treuil mû par une dynamo. Un premier cerf-volant, dont le câble porte les appareils enregistreurs soigneusement protégés, est lancé; quand il soulève difficilement son câble, on y attache un second cerf-volant qui enlève le système primitif, et ainsi de suite jusqu'à ce que les appareils arrivent à la hauteur des couches d'air favorables à l'observation. En employant des câbles progressivement renforcés, M. Teisserenc de Bort est parvenu à enlever pour la première fois un cerf-volant à 5,000 mètres de hauteur.

Mais la chute possible de ces longs câbles, qui atteignent parfois 15 kilomètres, offre des dangers dans les régions très habitées. Il convient, avec les cerfs-volants, d'opérer surtout sur la mer où l'on trouve d'ailleurs cet avantage que le déplacement du bateau peut suppléer à l'insuffisance du vent. MM. Teisserenc de Bort et Rotch, aux cours de leurs croisières, ont obtenu avec les cerfs-volants des résultats remarquables.

Les plus hautes altitudes atteintes avec les cerfs-volants météorologiques ont été :

5.250 mètres à Trappes,
5.900 mètres dans les croisières sur mer.
6.200 mètres à Lindenberg,
et 7.000 mètres aux Etats-Unis.

Dans les observatoires terrestres, notamment à l'Observatoire de Lindenberg (près Berlin) que dirige M. Assmann, on fait aussi les observations par ballons captifs. Aux petits ballons sphériques, on préfère généralement les drachen-ballons. Ce sont des ballons allongés qui se tiennent inclinés sur l'horizontale et sont stabilisés par un gros gouvernail pneumatique et une queue. Tenant à la fois des ballons et des cerfs-volants, les drachen-ballons peuvent s'élever par un grand vent aussi bien que par un calme absolu.

Avec les ballons-sondes, dont les premiers lancers sont dus à MM. Hermitte et Besançon, il est impossible d'atteindre des altitudes beaucoup plus élevées qui dépassent souvent 15.000 et même 20.000 mètres. Ces ballons-sondes, construits en papier ou en caoutchouc, sont lancés entièrement libres et retombent d'eux-mêmes après plusieurs heures d'ascension. Les instruments sont renvoyés par ceux qui les ont retrouvés et, chose curieuse, les ballons perdus ne dépassent pas 4 % du nombre des ballons lancés.

Les ballons en papier, exclusivement employés à Trappes, ont le double avantage d'être plus légers que les aérostats en soie et d'un prix peu élevé. Le ballon ne peut faire qu'un voyage, mais sa fragilité même empêche tout traînage nuisible à la conservation des enregistreurs. Les ballons en papier, d'un diamètre de 6 mètres, ne peuvent guère être gonflés que dans un hangar tournant dont l'ouverture est toujours abritée du vent; ils sont lancés flasques, avec une très petite force ascensionnelle, et avantageusement munis d'un délesteur automatique.

Les ballons en caoutchouc, sont de dimensions plus petites; on les gonfle moyennement au départ et par suite de l'élasticité de leur enveloppe, ils se dilatent au fur et à mesure qu'ils s'élèvent.

Des ballons, dont les diamètres ont naturellement de 1 m. 20 à 2 mètres, peuvent supporter un accroissement de 8 à 15 fois leur volume et, quoique fermés, s'élever sans éclater jusqu'à une très grande hauteur. Parfois, on gonfle intentionnellement les ballons en caoutchouc de façon

Le planeur de CHANUTE monté par HERRING (1896)

qu'ils crèvent à une altitude déterminée; on les munit alors de parachutes qui amortissent le choc des appareils au moment de la descente.

Lorsque les ballons-sondes doivent être lancés sur mer, on emploie pour les retrouver l'artifice suivant. Au-dessous du ballon, les enregistreurs sont fixés à un câble qui porte à son extrémité un flotteur en guise de lest. Le ballon soutient les appareils, mais ne peut pas enlever le flotteur. La force ascensionnelle complémentaire est donnée par un second ballon convenablement gonflé. Lorsque le système est arrivé à la hauteur prévue, le ballon supplémentaire éclate ou, dans les expériences les plus récentes, il est détaché par un mécanisme que commande le mouvement d'horlogerie des enregistreurs : ballon, appareils et flotteur tombent alors doucement. Mais, pendant l'ascension, on a déterminé, soigneusement la trajectoire suivie; aussi, le navire lancé à la poursuite a-t-il vite fait de retrouver le ballon et les appareils qui se maintiennent à 3o mètres au-dessus du flotteur immergé.

Les explorations de l'atmosphère par ballons montés, par cerfs-volants, et par ballons-sondes, ont donné des résultats extrêmement intéressants.

Elles ont permis de déterminer les lois de la répartition des températures suivant les altitudes, d'observer les phénomènes d'inversion près du sol, de déceler une zône isotherme vers 12 kilomètres; elles ont permis d'étudier la distribution de la vitesse du vent suivant la verticale et la rotation de sa direction, les grands tourbillons, les centres d'action de l'atmosphère, etc...

Cependant, la météorologie n'est pas une science purement spéculative. Sans doute certaines découvertes n'intéressent que les savants, mais il est un côté éminemment pratique qui intéresse tout le monde : c'est la prévision du temps.

On s'accorde à croire que les phénomènes atmosphériques, les changements de temps commencent à se manifester dans les hautes régions et se propagent ensuite en gagnant les couches inférieures. C'est donc aux grandes altitudes qu'il faut trouver les centres d'action, les bases et les causes des phénomènes du temps et on ne peut les découvrir que par une étude méthodique et continue, par des observations quotidiennes en des points convenablement répartis.

Les ballons, les cerfs-volants, tous les appareils susceptibles d'explorer les airs, se trouvent être par suite les instruments indispensables de la météorologie dont les découvertes peuvent avoir une répercussion si profonde sur la vie publique et dont les conquêtes déjà réalisées autorisent toutes les espérances.

Capitaine T_H. BOIS.

L'aérostation

et la télégraphie sans fil

La télégraphie sans fil par ondes hertziennes, bien que pressentie par Hertz, Lodge, Tesla, Branly et bien d'autres, n'a vraiment été inventée que du jour où Marconi eut l'idée d'employer, aussi bien pour l'émission que pour la réception des ondes, un conducteur suspendu dans l'air et qu'il nomma « antenne ». Rappelons sommairement le principe de la télégraphie sans fil.

Pour transmettre un télégramme on engendre dans ce conducteur des courants de haute fréquence c'est-à-dire des courants alternatifs dont le nombre d'alternances est compris en général, entre 100.000 et 1.000.000. Ces courants sont produits pendant des temps courts ou longs, représentant les points et les traits de l'alphabet morse. On les désigne souvent sous le nom d'oscillations électriques. Leur rapidité est telle qu'ils communiquent à l'éther ambiant un mouvement vibratoire absolument analogue à celui de la lumière, et qui se propage de proche en proche par ondes hémisphériques ayant pour centre le pied de l'antenne et pour plan diamétral limite la surface de la terre.

Ces ondes, appelées ondes hertziennes, rencontrant un autre conducteur analogue à celui qui les a engendrées, y font naître de nouvelles oscillations électriques semblables aussi à celles qui existaient dans l'antenne d'émission, bien que leur puissance soit infiniment plus faible. Le mouvement vibratoire hertzien se propage en effet suivant la loi du carré des distances, et toute la puissance qui était concentrée à un moment donné dans l'antenne d'émission se trouve répartie sur toute la surface de la $1/2$ sphère ayant pour centre l'antenne d'émission et pour rayon la distance des deux antennes. La deuxième, qui n'occupe qu'une partie très réduite de la surface de cette sphère, ne peut donc capter qu'une partie minime de l'énergie qui avait été mise en jeu à l'émission. Les courants de haute fréquence qui prennent ainsi naissance sont tellement faibles qu'ils ne peuvent être décelés par aucun des instruments qui sont employés d'ordinaire en électricité. Il faut avoir recours à des appareils spéciaux que l'on nomme détecteurs d'ondes. Les plus usités sont le cohéreur (Branly) le détecteur électrolytique (Ferrié) et le détecteur magnétique (Marconi). Ces appareils, dans le détail desquels nous n'entrerons pas, permettent de traduire les signaux transmis en ondes hertziennes en signes identiques à ceux que l'on reçoit dans la télégraphie ordinaire.

Les premières expériences de Marconi, en 1896, faites d'après ce principe montrèrent le rôle capital de l'antenne pour obtenir de grandes portées, et toutes les études ultérieures vinrent confirmer que la distance à laquelle on pouvait télégraphier sans fil était d'autant plus grande

L'appareil des frères Wright, sans moteur (1902).

que l'antenne était plus haute, aussi bien à l'émission qu'à la réception.

Pour vérifier cette loi, on songea aussitôt à faire usage de ballons captifs ou de cerfs-volants qui permettaient d'installer et de déplacer des antennes de hauteur quelconque.

Les services de la Télégraphie et de l'Aérostation militaires entreprirent en France, dès 1899, des expériences méthodiques pour l'étude de cette question. Ils utilisèrent pour cela de petits ballons captifs de 60 à 90 mètres cubes dont la corde métallique de retenue constituait l'antenne et était reliée aux appareils de transmission ou de réception. Les expériences eurent lieu tout d'abord dans les environs de Paris, et peu à peu, grâce aux perfectionnements apportés progressivement aux appareils, on parvint à établir, en 1903, une communication radiotélégraphique directe entre Meudon et Belfort.

Les antennes avaient alors de 200 à 300 mètres de hauteur et étaient soutenues par des ballons de 250 mètres cubes environ. La puissance employée à la production des oscillations pour l'émission était inférieure à un cheval.

Au cours de ces études, on put aisément, en utilisant la grande mobilité des antennes soutenues par les ballons, se rendre compte de l'influence des mouvements de terrain sur la propagation des ondes : les obstacles sont franchis par les ondes avec d'autant plus de facilité que la longueur des antennes est plus grande. Il ne s'agit pas là d'un effet analogue à celui de la visibilité optique, qui est d'autant meilleure que le point lumineux est placé plus haut, mais plutôt d'un phénomène semblable à celui qui permet aux ondes sonores de passer par-dessus les obstacles, ou plus exactement encore de la « diffraction » que l'on rencontre dans l'étude des vibrations lumineuses.

Une conséquence de cette influence des mouvements de terrain sur la propagation des ondes, était que la transmission des télégrammes hertziens devait se faire beaucoup mieux sur mer que sur terre. C'est ce que l'expérience vérifia, les portées sont 2 ou 3 fois plus grandes sur mer que sur un terrain moyennement accidenté. La proportion devient beaucoup plus considérable, quand le terrain comparé est montagneux.

Les expériences exécutées en vue de ces comparaisons eurent lieu sur les côtes de l'Océan aux environs de Lorient, à Belle-Isle, etc., en utilisant encore soit des ballonnets de 60 mètres cubes soit des cerfs-volants isolés ou accouplés.

Il était également intéressant de chercher à vérifier la loi de propagation des ondes dans l'atmosphère. Des ballons libres munis d'appareils récepteurs et d'une antenne, furent à plusieurs reprises mis en route en 1900 et 1901, en partant de Meudon où était installé un poste d'émission de télégraphie sans fil. On put ainsi constater que les ondes se propageaient dans les hautes couches de l'atmosphère, mais que l'énergie qu'on recueillait avec l'antenne de réception, était d'autant plus grande que le ballon libre était plus rapproché du sol. L'énergie n'est donc pas répartie uniformément sur chacune des demi sphères qui représentent les surfaces d'onde, elle est plus concentrée au voisinage du sol, et cela d'autant plus que le sol est plus conducteur, plus humide.

L'aérostation a donc rendu de très grands services pour l'étude des phénomènes de la propagation des ondes hertziennes, mais là ne s'est pas borné son rôle, elle a été et est encore employée dans la pratique courante de la télégraphie sans fil militaire. La grande mobilité des stations radiotélégraphiques dans lesquelles l'antenne est soutenue par un aérostat, les a fait choisir tout d'abord pour les besoins militaires. La portée de ces stations est, en outre, très considérable, en égard à la faible puissance dont elles peuvent se contenter.

C'est ainsi que toutes nos places fortes ont été dotées d'un matériel radiotélégraphique, comportant des ballons et cerfs-volants comme supports d'antennes, pour communiquer entre elles et avec Paris, où la station radiotélégraphique fut installée à la tour Eiffel. Des stations analogues furent également créées pour les armées en campagne, aussi bien en France qu'à l'étranger. Une de ces stations fut en particulier envoyée à Montpellier pendant les troubles du midi et de nombreux télégrammes ont été échangés entre elle et la tour Eiffel.

La marine elle-même a récemment utilisé les ballons captifs pour augmenter la portée des stations radiotélégraphiques de certains de ses bâtiments mouillés dans les ports de la côte Ouest du Maroc.

Signalons encore le rôle important joué par l'aérostation dans les premiers essais de télégraphie sans fil entre l'Angleterre et l'Amérique ; M. Marconi avait construit, en vue de ces expériences, deux stations radiotélégraphiques puissantes l'une à Poldhu (Pointe de Cornouailles), l'autre à Cap Cod (Etats-Unis). Toutes deux comportaient une antenne formée d'un grand nombre de fils disposés suivant les génératrices d'un cône renversé dont la base était soutenue par un grand nombre de mâts disposés suivant une circonférence. Mais une tempête ayant renversé les mâts du Cap Cod, l'inventeur décida d'essayer de recevoir les signaux venant de Poldhu, au moyen d'une antenne soutenue par un aérostat. Les essais eurent lieu à Terre-Neuve à la fin de 1901, et, malgré les variations de hauteur de l'antenne dûes aux mouvements de l'aérostat sous l'influence du vent, les signaux furent, paraît-il, nettement perçus à plusieurs reprises. Depuis cette époque, M. Marconi a reconstruit d'autres stations puissantes munies d'antennes immenses, mais sans le secours d'aérostats et l'échange de télégrammes peut, à l'heure actuelle, être fait fréquemment entre l'ancien et le nouveau monde. Ces télégrammes, dans les deux sens, ont pu d'ailleurs, à plusieurs reprises, dès le début des essais, être reçus à la station de la tour Eiffel.

La télégraphie sans fil a donc été puissamment aidée dans son évolution par l'aérostation. Le moment viendra bientôt où elle s'acquittera de sa dette de reconnaissance en permettant aux ballons libres et aux dirigeables de recevoir, pendant leurs voyages aériens des nouvelles de la terre par les ondes hertziennes. Ce jour-là, la dette sera bien payée, car la télégraphie sans fil aura augmenté dans de grandes proportions les services que l'on peut attendre des ballons libres ou dirigeables.

Commandant FERRIÉ.

LE FERBER n° 5 à Chalais-Meudon (1904).

La Photographie aérienne

La photographie aérienne, que beaucoup considèrent encore au point de vue unique du sport, constitue un procédé merveilleux de levers topographiques et de reconnaissance militaire.

La chambre photographique est, en effet un enregistreur parfaitement précis qui fixe d'un seul coup tous les éléments de mesure dont on peut avoir besoin. D'ailleurs, comme les lois auxquelles obéissent les faisceaux qui projettent l'image sur la plaque sensible dépendent uniquement de la géométrie élémentaire, les procédés graphiques de reconstitution des plans qui en découlent sont d'une application pratique extrêmement simple.

Pour obtenir des photographies aériennes on peut soit confier l'appareil à un opérateur monté à bord d'un ballon captif, libre ou dirigeable, soit le suspendre librement à un câble de retenue d'un ballonnet ou d'un cerf-volant.

Dans le premier cas, l'opérateur se charge lui-même du pointage et déclanche l'obturateur au moment voulu, dans le second cas la chambre doit être suspendue par un dispositif spécial qui assure son pointage et comporte un déclanchement automatique de l'obturateur.

.	.	.

Avant de passer en revue les divers procédés de photographie aérienne, nous fixerons la condition que nous déclarons nécessaire pour permettre l'application pratique des méthodes graphiques de restitutions :

L'appareil *doit être pointé horizontalement à l'exclusion de tout pointage incliné.*

Le pointage incliné qui séduit tout amateur de photographie aérienne offre le grave inconvénient de compliquer les opérations graphiques en nécessitant des tracés d'épures longs et fastidieux. Le pointage incliné au maximum, c'est-à-dire avec axe vertical, simplifie, il est vrai ces tracés, mais il introduit un nouvel inconvénient, qui est de rendre imprécise la détermination du relief du sol.

La seule objection que l'on puisse faire *a priori* au pointage horizontal est le faible plongement des rayons extrêmes.

Cette objection tombe d'elle-même si l'on songe d'une part à la possibilité de décentrer l'objectif dans le sens vertical et d'autre part aux faibles altitudes auxquelles il convient d'élever l'appareil (cent mètres) pour fouiller un terrain que l'on peut parcourir.

Dans le cas d'une opération militaire les reconnaissances s'effectuent à grande distance et le pointage horizontal devient le pointage naturel.

PROCÉDÉS DIVERS EMPLOYÉS PAR LA PHOTOGRAPHIE AÉRIENNE

Photographie par ballon non monté ou par cerf-volant.

Dans le cas d'un appareil photographique emporté librement dans l'espace par un ballonnet ou un cerf-volant, toute la difficulté du problème réside dans l'invariabilité du pointage; cette invariabilité comprend la conservation de l'horizontalité de l'axe de l'appareil et la fixité de l'orientation de cet axe par rapport à un plan vertical origine.

Si l'on remarque que les oscillations des cerfs-volants ou des ballonnets (1) se produisent toujours dans le plan vertical de tension du câble, il sera facile de concevoir un type de suspension pendulaire à double Cardan tel que la verticalité du système, c'est-à-dire l'horizontalité du pointage, soit assurée, quelle que soit l'inclinaison du câble, et que toute rotation de l'appareil sur lui-même soit rendue impossible.

On pourra être assuré, dans ces conditions, que si l'appareil est orienté près de terre dans une direction déterminée, il conservera, lorsqu'il sera abandonné à lui-même, cette orientation, à moins toutefois (ce qui est improbable) que le vent varie subitement et change de ce fait l'origine du pointage.

---

(1) On doit employer de préférence le drachen-ballon qui fonctionne par tous les temps tandis qu'un ballonnet sphérique est rabattu dès que le vent s'élève.

Applications. — Les premières applications sont dues à MM. Batut et Wenz (1888 et 1890) véritables inventeurs de la Photographie aérienne. Leurs dispositifs successivement perfectionnés consistent en des supports *solidaires du câble,* l'appareil pouvant, d'ailleurs, être pointé à volonté en direction et en hauteur.

L'idée de suspendre l'appareil pendulairement est plus récente.

Le lieutenant d'artillerie Dinochau, élève de M. Wenz, est le premier à l'avoir appliquée (Eté 1904). Nous-même, sans connaître à ce moment les études de M. Dinochau (Automne 1904), en avons fait le point de départ d'une série d'expériences.

Ce sont ces expériences que nous allons décrire rapidement :

Dans une première période d'essai en mer, consacrés uniquement à l'emploi des cerfs-volants, nous avons eu recours pour élever la chambre photographique à des « attelages » formés de la réunion de trois cerfs-volants. Le lancement de l'attelage s'effectuait à l'arrière du navire, qui par son déplacement, fournissait le vent relatif nécessaire. Un premier cerf-volant était lancé entraînant l'extrémité d'un câble léger d'acier. A cinquante mètres au-dessous de ce cerf-volant « pilote » étaient fixés deux nouveaux cerfs-volants espacés de 10 mètres. L' « attelage » ainsi constitué était enlevé jusqu'à une altitude de 600 mètres dans une zone de vent parfaitement établi, et le câble raidi constituait un rail aérien sur lequel pouvait rouler en « trolley » la suspension à double Cardan de l'appareil. La montée du trolley était obtenue au moyen d'un quatrième cerf-volant remorqueur glissant le long du câble,

L'appareil ARCHDEACON monté par Gabriel Voisin, à Berk-sur-Mer (1904).

en « postillon », et la descente s'effectuait au moyen d'un second câble de retenue fixé à l'arrière du trolley. Ce dispositif permettant de ramener facilement à chaque opération l'appareil pour le changement des plaques, tout en laissant planer dans l'espace le train de cerfs-volants dont la manœuvre eut été longue et pénible.

Le pointage horizontal de l'appareil se faisait à bord en donnant à la chambre une orientation convenable avec le plan du câble. Lorsque, l'appareil étant en l'air à la hauteur voulue, le terrain à photographier se présentait sous l'angle de pointage, on lançait le courant électrique provoquant le déclanchement de l'obturateur.

Des photographies ont été obtenues par ce procédé à bord d'un contre torpilleur filant 24 nœuds (12 mètres de vitesse).

La suspension, appareil compris, pesait environ 15 kilog. (poids trop considérable que nous avons réduit ultérieurement). Elle était construite en tubes légers d'acier.

Une seconde série d'expériences effectuées sur les côtes du Maroc avait pour but de démontrer la possibilité d'enlever l'appareil par tous les temps; par temps calme avec un ballonnet, par vent avec les cerfs-volants. Les conditions atmosphériques ont permis de réaliser entièrement ce programme. Pour les cerfs-volants nous avons appliqué les mêmes procédés qu'à bord des contre-torpilleurs. Quant au ballonnet, nous avons employé un ballon-cerf-volant de petit cube qui a parfaitement fonctionné. Dans ce dernier cas, nous fixons l'appareil à 50 mètres au-dessous de l'aérostat et l'élévation s'obtient par déroulement du câble.

Comme exemple du parti que l'on peut tirer des photographies ainsi obtenues, nous avons rédigé un plan général de Casablanca et du camp du général d'Amade.

Avec les documents obtenus, la détermination du point d'où a été prise la photographie, et de l'altitude de l'appareil se fait instantanément et avec une grande précision. C'est ainsi que l'altitude a pu être déterminée à moins de 0^m5o près sans le secours d'aucun baromètre ni indicateur d'aucune sorte, uniquement d'après la photographie et la connaissance de trois points connus en position et en altitude.

Ce procédé de photographie aérienne ainsi que les méthodes spéciales qu'il comporte sont applicables avec la même facilité aux opérations terrestres. Nous avons, en effet, opéré au Maroc à bord des navires à l'ancre, avec tous les inconvénients de l'espace restreint.

Photographie par ballon monté. — La photographie par ballon monté s'applique uniquement aux opérations du temps de guerre.

Elle présentera des avantages considérables si l'on sait l'utiliser avec méthode et si l'on a recours à des procédés essentiellement simples de restitution.

Ballon libre. — Le ballon libre est destiné en principe aux communications d'une place assiégée avec l'extérieur, mais il est facile de concevoir quel parti pourra en tirer, au point de vue de la reconnaissance, un assiégeant qui fera traverser la zône investie à un ballon libre planant à une grande altitude.

Dans ce cas particulier et dans ce cas seulement, la photographie à *pointage vertical* sera applicable.

A 2.500 mètres avec un appareil ordinaire de 25 cent. de distance focale moyenne, on obtiendra sur chaque photographie, une zône carrée de 2.000 mètres de côté représentant le terrain à l'échelle de $\frac{1}{10.000}$, c'est-à-dire reproduisant exactement la place à l'échelle du plan directeur. Si le ballon part par un vent de 60 kilomètres à l'heure, il parcourra les 2.000 mètres en 2 minutes, temps largement suffisant pour changer la plaque et se préparer à l'exécution d'un nouveau cliché se raccordant avec le premier.

Ballon captif. — Le ballon captif est depuis longtemps utilisé avec le repérage des objectifs d'artillerie.

Il est facile avec des appareils téléphotographiques de 0^m60 et de 1 mètre de foyer de déterminer des objectifs à 6 et 8 kilomètres de distance.

Les expériences faites, par le commandant Bouttieaux en 1896, par les Aérostiers militaires dans toutes les manœuvres de siège, par le capitaine Lindecker en Chine, les résultats fournis par les *Aérostiers*, au Maroc, suffisent à démontrer la valeur du procédé.

Ballon dirigeable. — Le ballon dirigeable exécutant des reconnaissances au-dessus des régions non encore occupées par des troupes amies permettra d'opérer des relevés photographiques du plus grand intérêt. Mais l'absence de toute base présente *a priori* de sérieuses difficultés. Dans le cas des reconnaissances à bord des ballons libres ou captifs, on peut, en effet, s'appuyer sur des triangulations sommaires exécutées à terre par les brigades topographiques des troupes de siège. Ici, au contraire, l'on parcourt des régions sur lesquelles on n'a aucune donnée géométrique précise. La méthode que nous avons étudiée pour ce cas spécial repose sur le principe suivant.

Si l'on possède deux vues photographiques d'une même région et si l'on connaît exactement le degré d'inclinaison du pointage, il est facile de raccorder l'une par rapport à l'autre ces deux photographies et de lever ensuite point par point (planimétrie et nivellement) tout le terrain compris dans leur champ. L'échelle du dessin est fixée par la différence de hauteur barométrique des deux stations d'où l'on opère.

Capitaine J.-Th. SACONNEY.

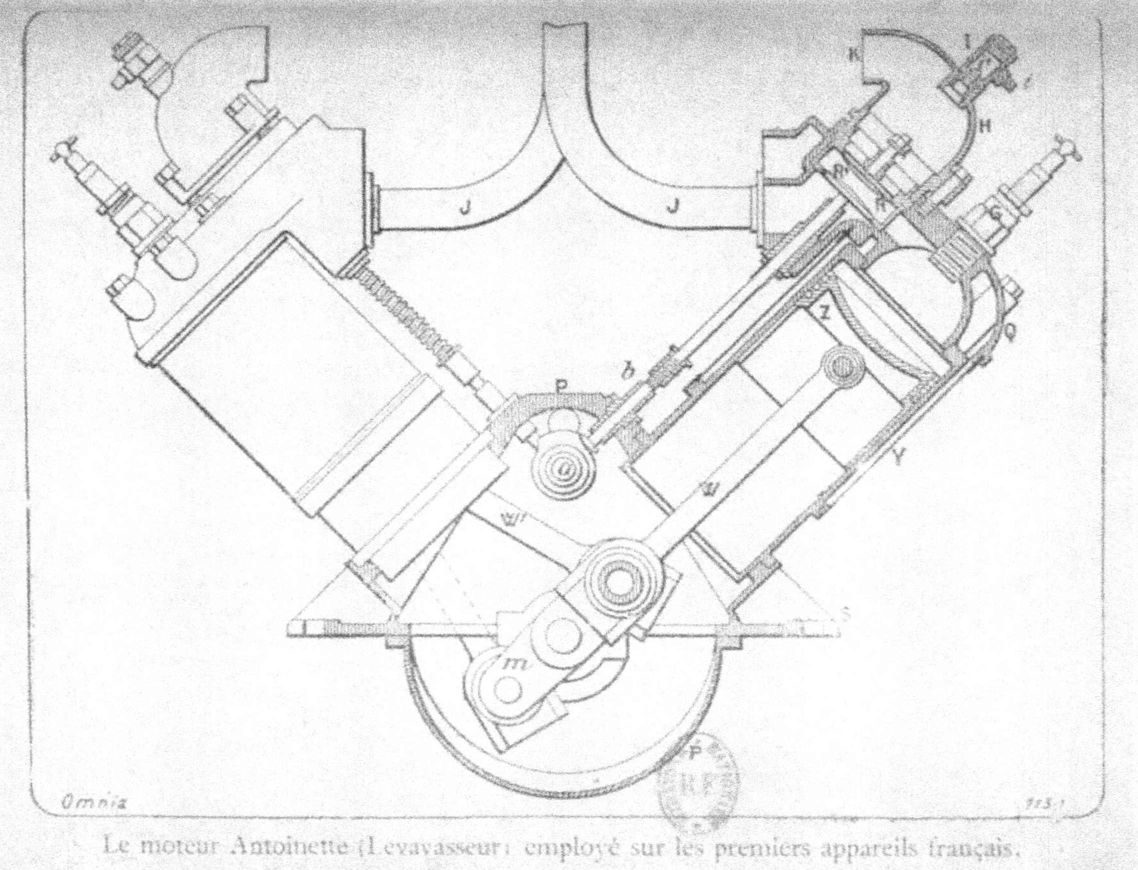

Omnia
Le moteur Antoinette (Levavasseur) employé sur les premiers appareils français.

La Guerre et la Paix

La Guerre et la Paix

Chacun interprète le progrès dans le sens et dans la mesure qui lui conviennent. Les uns pensent, — je suis de ce nombre, — que l'aviation nous achemine, non pas à la paix universelle et perpétuelle dont je n'ai jamais parlé ni même rêvé, mais à une amélioration, à une organisation des relations internationales; les autres n'y voient qu'un moyen nouveau de perfectionner la guerre sur terre et sur mer.

Donnons la parole aux uns et aux autres et laissons le lecteur conclure sur des arguments apportés de côtés divers par les collaborateurs les plus qualifiés.

E. C.

Le moteur des frères Wright.

Le problème militaire

et les machines volantes

Il a fallu des expériences éclatantes et positives pour persuader les sceptiques que les ballons dirigeables n'étaient pas une chimère, et que les machines volantes étaient autre chose qu'une folle imagination d'inventeur. Mais aujourd'hui il n'y a plus de sceptiques. On sait, parce qu'on les a vus, que d'énormes ballons peuvent se mouvoir dans l'air et se porter où il leur plaît d'aller, avec une vitesse de 30 kilomètres à l'heure. On sait, parce qu'on les a vus, que des aéroplanes ou des gyroplanes peuvent évoluer librement dans l'air, à 20 ou 30 mètres du sol, avec une vitesse de 60 kilomètres à l'heure.

Le dernier refuge des incrédules, impuissants à comprendre l'avenir ainsi que le passé, c'est que ces machines ne seront autre chose que des *joujoux*. Un *joujou*, c'est l'expression fameuse de Napoléon, quand, en 1805, Fulton lui montra un premier bateau à vapeur, cent ans, après le bateau à feu de Papin. Ce joujou est devenu assez important dans l'histoire du monde pour nous permettre

de considérer les aéroplanes et les aérostats dirigeables comme des joujoux de quelque valeur. Et
nous plaignons fort les pauvres sots qui, après
avoir déclaré que l'homme ne pourrait pas s'élever
avec une machine dans l'atmosphère, en sont
réduits à prétendre maintenant que la chose est à
la rigueur possible, mais que ce jeu ne dépassera
pas les limites d'un sport fantaisiste, dangereux,
et dépourvu de toute application pratique, une
amusette à l'usage des acrobates.

Pour notre part, après avoir, en 1890, avec
notre ami V. Tatin, construit un premier aéroplane (qui fut très imparfait, et échoua), nous
pensons naturellement, en 1908, plus qu'en 1890,
que les machines volantes vont prendre une extension énorme, imprévue ; que ce sera bientôt un procédé de locomotion universel, et que la révolution
industrielle et sociale qu'ils vont faire naître sera
tout aussi vaste et féconde que la révolution déterminée par les chemins de fer.

Il y a deux ans, Santos-Dumont a fait un vol
de 220 mètres. Six mois après, Farman faisait
successivement 300 mètres, 600 mètres, 3.000 mètres. Récemment Delagrange a fait 17 kilomètres !
Wright en a fait 49 ! Et on croit qu'on va s'arrêter là ! Quelle pauvreté de logique ! Actuellement, en France seulement, il y a peut-être vingt-
cinq aéroplanes divers en construction. Dans deux
ans, il y en aura cinq cents ! Dans dix ans il y
aura autant d'aéroplanes qu'il y a d'automobiles.
Aveugles ceux qui ne voient pas cet avenir évident.
Rappelons-nous que M. Thiers, au moment des
premiers chemins de fer, disait, avec une conviction profonde : « Croyez-vous qu'ils remplaceront
jamais les diligences ? » Et tout le monde était
d'accord pour dire : « Evidemment, non ! jamais

ces machines sur rails ne remplaceront notre magnifique organisation de diligences ! ».

La révolution que vont faire les aéroplanes va avoir deux conséquences premières sur lesquelles nous allons insister, car elles intéressent tout le parti pacifique.

La première conséquence, immédiate, c'est l'abolition virtuelle des douanes. Si l'on peut passer par les airs sans s'arrêter à la frontière, il est clair qu'on pourra transporter dans un aéroplane tous les petits objets soumis à perception.

A vrai dire, on peut instituer pour empêcher ce passage maintes réglementations habiles et gênantes. Par exemple, on peut interdire à un aéroplane de s'arrêter sur le sol étranger ou de franchir la frontière.

S'arrêter sur le sol étranger ! Mais, du moment qu'on aura passé la frontière aérienne, on pourra, sans s'arrêter, en des endroits désignés à l'avance, faire tomber les objets de contrebande. Il y aura là des complices pour les recevoir, à trente, cinquante, cent kilomètres de la frontière douanière. Va-t-on établir des douanes jusque dans l'intérieur du pays ?

Il est vrai qu'on peut interdire à tout aéroplane de franchir la frontière. Ce serait tyrannique et monstrueux, certes ; mais il y a déjà tant de monstrueuses tyrannies que nous pouvons sans peine supposer celle-là encore. Heureusement cette interdiction n'est pas possible ; car elle suppose une sanction quelconque. Il faudrait alors organiser un corps de douaniers aéroplanistes, poursuivant les aéroplanes qui se permettraient de dépasser les limites sacro-saintes de nos frontières terrestres-aériennes. Peut-être même irait-on jusque à vouloir armer les douaniers, et leur recommander de tirer sur les aéroplanes qui voudraient passer ! Ce serait insensé, coûteux, cruel, inepte, et, ajoutons-le, inefficace. Car pendant la nuit, avec une rapidité de cent kilomètres à l'heure, un aéroplane aura vite fait de passer à cinquante mètres au-dessus d'une forêt, avant d'avoir éveillé l'attention des douaniers, et de recevoir une décharge de fusils !

Ce qui est plus sérieux, c'est que cette contrebande par aéroplane ne pourra s'exercer que pour des objets de menu poids ; car le transport par machines volantes, des fers, des farines, des charbons, sera évidemment trop coûteux pour qu'il y ait avantage à l'employer. Mais les objets légers, manufacturés, les bijoux, les soies, les dentelles, le tabac, les tissus, tous ces produits sont de poids assez minime et de valeur assez élevée pour qu'on puisse avec grand profit les embarquer sur un aéroplane, et, à quelque trente kilomètres de là, dans un endroit convenu, les faire tomber, pour revenir tranquillement au point de départ. Le voyage aura duré à peine une heure : pourtant le bénéfice sera considérable si l'on a pu ainsi faire passer 100 kilos de marchandise soumise à des droits onéreux, par conséquent rémunérateurs pour le contrebandier.

Je crois bien que tous les amis de la paix sont libre-échangistes. Le libre-échange et la paix, ce sont deux faces d'un même problème, et la mentalité des pacifistes est celle des libre-échangistes. Nous pensons tous que c'est une grande folie de s'entre-tuer ; mais nous ne trouvons pas qu'il est beaucoup plus sage d'opposer des barrières à la circulation des denrées nécessaires ou utiles à la vie. Disons-le donc nettement. Le jour où il n'y aura plus de frontières douanières, ce jour-là la pacification du monde aura fait un grand pas. On se rendra compte que nos divisions nationales

Premier vol de SANTOS-DUMONT à Bagatelle.

sont terriblement factices, et que toute guerre internationale est, à quelques nuances près, une véritable guerre civile.

Si, par les aéroplanes, la contrebande est rendue facile, elle le sera plus encore par les ballons dirigeables. Ce qui a rendu jusque ici impossible la contrebande par ballon dirigeable, c'est que ces immenses machines sont coûteuses, si coûteuses que la contrebande entreprise par ce moyen mettrait les objets ainsi transportés à un prix énorme. Mais un moment viendra peut-être où il sera facile de transporter par ballon dirigeable deux mille kilos de marchandise, comment poursuivre ce ballon qui peut, au-dessus des nuages, s'élevant à deux kilomètres de hauteur, devenir absolument invisible, et faire tomber où il lui plaira les deux mille kilos de son lest de contrebande.

Donc, en toute certitude, d'ici à peu d'années, quand les gyroplanes, les aéroplanes, les aéronefs auront pris leur extension normale, il ne pourra plus y avoir de frontière douanière que pour les objets de poids considérable, et tous les produits manufacturés entreront francs de tout droit. Qu'on s'y résigne ou qu'on s'en réjouisse, c'est là un avenir certain.

Au point de vue militaire, les aéroplanes et les aéronefs vont faire aussi toute une révolution.

Supposons, comme disent les mathématiciens, le problème résolu. (Et il le sera d'ici à une dizaine d'années.) Chaque armée aura une douzaine d'aéronefs, évoluant à grande hauteur, (à plus de 2.500 mètres, si c'est nécessaire) et se transportant avec une vitesse de trente kilomètres.

Ces aéronefs peuvent facilement emporter plus de deux mille kilos de matières explosives, dynamite, phosphore, mélinite, etc., et les faire tomber où il leur plaira de se transporter, à quatre cents kilomètres du champ de bataille : il suffira d'une nuit à un ballon allemand pour aller de Cologne à Paris, ou à Londres, ou à Vienne, et inversement.

Quant aux aéroplanes, dont le prix sera bien inférieur à celui d'une petite automobile, chaque corps d'armée pourra en posséder une trentaine. Ils évolueront avec une rapidité extrême. Aucun des mouvements de l'ennemi ne pourra être inconnu, et ils pourront, eux aussi, faire tomber dans les villes paisibles quelques kilos de phosphore, de sulfure de carbone, ou de produits incendiaires, explosifs qui en quelques heures pourront incendier une vingtaine de villes, dans un rayon de cent à deux cents kilomètres.

Il est bien entendu que chacune des deux armées sera pourvue d'appareils à peu près semblables : car il n'y a plus de machine de guerre qui soit secrète ; et toute machine militaire construite dans un pays est aussitôt imitée et perfectionnée dans le pays voisin.

Alors la face de la guerre sera changée. Jusqu'à présent, c'étaient surtout les soldats qui étaient exposés ; les non combattants risquaient moins leur vie ; le pillage, l'incendie et le massacre ne les menaçaient que dans des occasions presque exceptionnelles. Maintenant ce sera la règle. Soit une guerre à la frontière des Vosges : les habitants de Lyon et d'Orléans et de Bourges seront menacés ; comme ceux de Dresde, de Munich et de Francfort, et il n'y aura plus dans tout le vaste territoire des deux pays un seul endroit où la sécurité sera assurée (1).

Certes il sera possible, par des règlements internationaux, peut-être même par une nouvelle Conférence de La Haye, d'interdire ces machines aériennes. Mais c'est toujours un peu comique, (d'un comique mêlé de drame) que ces prohibitions d'engins destructeurs. On permet le canon, la torpille, l'obus, la balle ; on interdit les torpilles mobiles et les balles explosives. Il est licite de se tuer avec certaines machines, mais d'autres machines sont prohibées. Peut-être sera-t-on forcé d'en arriver là et d'interdire tout appareil militaire s'élevant au dessus du sol ? Mais que de difficultés presque insurmontables !

D'abord, il serait absurde d'interdire absolument tout aéroplane, tout ballon dirigeable. Comment ne pas s'en servir, si l'on a la chance d'en posséder (et les deux armées en auront d'excellents) pour les reconnaissances à longue distance ? Si l'on peut les employer à cet usage, pourquoi ne pas les adapter à des chutes d'explosifs ? pourquoi ne pas troubler la formation d'une armée sur l'arrière, empêcher le déploiement de la ligne offensive, jeter la confusion dans le camp ennemi, déranger la mobilisation, démolir les viaducs et les ponts ? Quoi ! on pourrait lancer des obus sur terre, et il serait interdit de le faire du haut d'un ballon ! Quoi ! les flottes pourraient bombarder une ville, et des aéronefs ne le pourraient pas ! Et si on peut bombarder un camp, pourquoi ne pas

---

(1) Nous rappellerons à notre ami, M. Ch. Richet, l'article 25 du règlement de la Haye dont le texte est cité plus loin et qui interdit le bombardement des villes, habitations, etc., non défendues.

E. C.

bombarder une ville forte? Où s'arrêtera-t-on dans la limitation de ce qui est permis et de ce qui ne l'est pas? Entre une ville forte et une ville fortifiée, il n'y a pas de différence essentielle! Un *raid* de cavalerie peut détruire un chemin de fer, un *raid* d'aéroplane n'y serait pas autorisé! Après tout, ce qui importe, c'est de faire du mal à l'ennemi! Si l'on peut faire sauter une poudrière à l'intérieur des terres, on serait bien sot de ne pas le tenter immédiatement; car on s'assurerait ainsi une plus facile victoire.

Le problème militaire des aéroplanes se ramène donc uniquement à ceci : être le plus fort. C'est le problème de toute action militaire, et nous serions d'une naïveté assez ridicule si, voulant être forts sur terre et sur mer, par nos canons, notre infanterie et nos cuirassés, nous décidions que nous ne tâcherons pas de l'être dans l'air.

Soyons certains d'ailleurs que la question a déjà été envisagée très sérieusement par les militaires de tous les pays, et que l'intérêt pris par les gouvernements aux choses de l'aéronautique et de l'aviation est, pour une grande part, un intérêt militaire. La nécessité d'être tout de suite le plus fort est impérieuse. Très rapidement, la poudre sans fumée, le fusil à tir rapide, les bicyclettes, les automobiles, les navires sous-marins, se sont imposés à toute organisation guerrière. Les appareils d'aviation et d'aéronautique, d'ici à deux ou trois ans, feront partie du matériel de l'armée. Ce sera extrêmement rapide, et les incrédules en seront stupéfaits.

La guerre deviendra plus barbare, plus inhumaine, plus sanglante! Certes! Mais cela n'est pas pour nous déplaire. Loin de là. Nous estimons que si nous vivons tant bien que mal depuis près

Farman au camp de Châlons (1908).

militaires des appareils très perfectionnés, et
capables d'exercer leurs ravages au loin. Ce sera
une excellente et solide garantie de paix.

Charles RICHET,

de l'Académie de Médecine,

Président de la Délégation permanente
des Sociétés françaises de la Paix.

L'aéroplane à la Guerre

On me parle toujours de guerre quand on m'interroge sur l'aéroplane ; — on dirait que les hommes n'ont que cette application en vue ! — Wright lui-même ne voulait vendre qu'à des gouvernements ! — tandis que j'ai toujours cru que le but de l'aéroplane était avant tout pacifique, utile au commerce des objets légers, au tourisme et au transport des gens pressés, dont le nombre, à n'en pas douter, s'accroît tous les jours.

Hélas ! il faut toujours s'incliner devant les majorités et j'ai également traité la question de l'aéroplane guerrier dans ma nouvelle brochure sur l'aviation : *De crête à crête, de ville à ville et de continent à continent* (1).

Tout d'abord je pars encore en guerre contre les milliers d'inventeurs qui ne pensent qu'à bombarder les gens du haut des airs. Sait-on bien que lorsque le gouvernement de la Défense nationale était à Bordeaux, en 1870, il a fallu créer un bureau spécial pour écluser

---

(1) Chez Berger-Levrault, 5, rue des Beaux-Arts.

les inventeurs qui voulaient anéantir les corps d'armée prussiens en leur lançant des obus du haut d'un ballon ! Il y en avait tant de ces inventeurs qu'ils empêchaient les ministres de travailler — et il y en a encore ! Le *Lebaudy* lui-même a cédé à cette ambiance et il a essayé de lancer une fois quelques vagues projectiles sur un fort. Qu'espère-t-on donc avec cela ? Quel que soit le volume d'un ballon, la capacité de sa soute aux munitions sera toujours très faible, — et comment avec ce peu réussir, quand on sait que tous les canons d'un corps d'armée approvisionnés pour quatre batailles ne peuvent rien contre une garnison, contre une troupe qui a du cœur ! Jamais les bombardements ne font prendre les places fortes ; — ils n'obtiennent de résultats que lorsque les plaintes de l'habitant, remontant jusqu'au gouverneur, l'émeuvent. En rase campagne même, un bombardement d'artillerie intense et meurtrier ne produit aucun résultat si une troupe d'infanterie ne marche pas en même temps en avant, poitrine découverte et dans la tête l'idée de sacrifice.

Ainsi, avec ses misérables projectiles, le ballon pourra bien mettre dans un convoi, dans un bataillon, un désordre momentané qui n'aura pas d'action décisive. Même si l'état-major était touché et bien que la paralysie puisse s'ensuivre, ce n'est pas un cas de mort. A la bataille de Forbach, le 6 août 1870, les Prussiens ont changé huit fois de commandant en chef. Telle était l'unité de doctrine de l'armée, que tous les huit, ils ont donné et fait exécuter les mêmes ordres.

Non, la véritable utilité des engins aéronautiques vient de ce que le général en chef a un besoin vital de savoir ce qui se passe. Jusqu'à présent, il avait ses espions et il envoyait la cavalerie en avant. Avec la poudre sans

Delagrange en Italie. (1908).

fumée, la malheureuse cavalerie n'y voit goutte, elle constate qu'elle reçoit des coups de fusil, mais elle ne sait pas si c'est de quatre hommes et un caporal isolés ou d'une armée entière. La cavalerie a toutes les peines du monde à définir très mal la gauche et la droite de l'ennemi; quant à avoir des renseignements plus précis, il faut y renoncer.

Mais avec les engins aéronautiques, tout change. Ils voient, eux, et voient même très bien les colonnes, les rassemblements, les parcs, les convois, tout enfin. Par eux, le général en chef lira comme dans un livre les pensées et le plan d'attaque de l'ennemi, il pourra prendre le contre-pied, parer à tout et vaincre avec facilité.

Il y a même plus, les engins aéronautiques ont un rôle plus élevé encore, un rôle politique, car le gouvernement peut envoyer ses escadrilles croiser sur tout le pays et, par conséquent, avancer ses frontières jusqu'au cœur du territoire ennemi. Rien ne lui échappera des levées hâtives, des réserves dernières et des ultimes mesures de défense, — tout sera vu ou deviné, sauf ce qui sera caché par des forteresses nouvelles qui revêtiront un aspect de fourmilières. On conçoit combien des secrets ainsi aperçus peuvent hâter les décisions du Pouvoir exécutif.

Ces incursions et ces investigations seront tellement odieuses, qu'au plus tôt l'ennemi voudra y mettre fin et, pour cela, il n'y a qu'à lancer à travers l'atmosphère des engins aéronautiques analogues, avec mission d'empêcher l'adversaire de voir. Ainsi se vérifie une loi ancienne, qui dit que tout combat commence par une lutte entre armes semblables. On avait la lutte d'infanterie, la lutte de la cavalerie, — on aura la lutte des engins aéronautiques.

Comment se fera cette lutte ? Rien n'est nouveau sous le soleil ; — elle se fera comme elle se fait actuellement, comme elle s'est toujours faite depuis qu'il y a des oiseaux dans le ciel. Quand un faucon, par exemple, veut attaquer un corbeau, il commence par le poursuivre ; dès qu'il se sent rattrapé, le corbeau monte lentement en spirale dans le ciel et le faucon aussi se met à monter parallèlement. Ils savent que chacun a une limite d'altitude et que celui qui peut monter plus haut que l'autre est dans une zone de sécurité absolue.

Si le corbeau peut monter plus haut que le faucon il est sauvé ; mais s'il ne peut pas, il n'a plus qu'une ressource, se laisser tomber jusqu'à terre. Encore dans cette descente est-il en grand danger d'être « lié » par le faucon. Chaque fois que ce dernier fondra sur lui comme une pierre, le corbeau tentera par un glissement latéral habile d'éviter le choc à la manière des banderilleros écartant le taureau. Si le faucon a été évité, il y a un moment de répit, car dépassant le but, l'oiseau de proie a perdu une hauteur qu'il devra péniblement retrouver. La course en hauteur peut reprendre, mais maintenant la lutte n'est plus douteuse, le corbeau ira jusqu'à terre finalement et sera vaincu.

Ainsi lutteront de la même manière deux engins aéronautiques et, si l'on veut appliquer ces règles à un ballon dirigeable et à un aéroplane, on verra que le premier est mort d'avance.

En effet, dans la course de vitesse l'aéroplane rattrapera sans peine le ballon. Les ballons n'atteindront jamais le 100 kilomètres à l'heure, les aéroplanes le dépasseront de beaucoup.

Quand la course en hauteur commencera, l'aéroplane

sera probablement dominé, bien que cela ne soit pas sûr, mais en tout cas, sa vitesse lui permettra de rester hors de portée. Il n'aura qu'à attendre et à veiller, car rien n'est plus malsain pour un ballon dirigeable que de séjourner dans la haute atmosphère, le gaz est très dilaté et le ballon est à la merci de la moindre condensation. Dès qu'elle se produira, la descente est forcée, l'aéroplane aura beau jeu alors pour revenir au-dessus du dirigeable et là pour le harceler, le harponner, le crever ou l'incendier. Il aura le choix.

Le ballon, pour éviter cette destruction, redescendra jusqu'à terre, rendant son général en chef aveugle.

A cause de cette vulnérabilité, dans un temps beaucoup plus rapproché qu'on ne le pense, il n'y aura plus de ballons dirigeables militaires, et c'est parce que je prévoyais cet événement que je ne comprenais pas, en 1903, les constructeurs consacrant leurs ressources au ballon dirigeable au moment où je savais que l'aéroplane était déjà en très bonne voie.

Après le combat de l'aéroplane isolé, nous avons le combat de l'escadrille et les manœuvres de l'escadrille.

Ici nous pouvons prédire que nos camarades de terre et de mer qui ont déjà une grande jouissance à diriger leurs unités mouvantes pendant les manœuvres, auront un plaisir décuplé à conduire leurs aéroplanes à travers les trois directions de l'espace.

On distinguera, comme dans la marine, la ligne de file et la ligne de bataille et l'on passera de l'une à l'autre par des signaux. Le chef d'escadrille se placera probablement en tête dans la ligne de file, réglant l'allure, la hauteur et la direction. Dans la ligne de bataille il sera probablement obligé de rester à une aile, contrairement à ce qui se passe pour l'artillerie et la cavalerie ; mais les discussions sont ouvertes et les divers officiers ont déjà des arguments pour et contre.

En résumé, si l'aéroplane a d'abord un rôle éminemment pacificateur, il sera aussi un instrument de combat merveilleux et passionnant à conduire.

Capitaine FERBER.

WRIGHT au camp d'Auvours (octobre 1908). — Cliché communiqué par la « Revue Aérienne ».

L'Aviation future

dans la Marine

En mer, comme sur terre, l'aéroplane servira aux hommes soit pour se tuer, soit comme un rapide moyen de transport. On aura donc probablement une aviation militaire et une aviation marchande; dans les deux cas, il est prudent de prévoir un nombre remarquable de types d'appareils dans lesquels tel organe sera développé de préférence à tel autre, selon les différents buts.

Pour les appareils que j'appellerai *terriens*, on commence déjà à comparer les différentes écoles; en général, on se contente de discuter la supériorité de l'une sur l'autre d'après la longueur d'un vol, mais si l'on examinait aussi les buts spéciaux que chaque constructeur s'est proposés et la mesure dans laquelle il les a atteints, on pourrait juger (ce qui semble avoir une plus grande importance) de la vitalité de chaque type.

Le monoplan comme le multiplan, l'appareil à châssis autonome et automatiquement stable comme l'appareil à pylône lié à une station de départ et doué d'une élégante instabilité, appartiennent à différentes « espèces » qui ont toutes une raison d'être plus ou moins grandes et dans lesquelles, par une sorte de sélection naturelle, on choisira en tout cas les individus « les mieux doués ».

Une évolution analogue aura probablement lieu pour la mer; seulement elle sera plus vaste et plus rapide, parce que dès que quelque problème secondaire, qu'on ne peut pas croire supérieur aux moyens mécaniques dont nous pouvons disposer, sera résolu, on aura une immense étendue sans obstacles, ces obstacles que l'imposante hardiesse d'un Farman peut mépriser, mais qui ne sont pas moins une cause de préoccupation pour le développement du nouveau moyen de transport et qui en tout cas fixeront pour un temps plus ou moins long des bornes dans les dimensions des appareils.

D'ailleurs les buts militaires qu'un appareil volant peut remplir sur mer sont si importants que je trouve tout naturel qu'on se demande pourquoi les efforts ne se sont pas encore dirigés de ce côté.

Convaincu du réel intérêt de ces recherches pour la marine de guerre, j'ai accompli il y a longtemps une série d'essais en mer, soit en me faisant soulever par des cerfs-volants à la remorque, soit avec des planeurs. Je compte les reprendre dans un avenir prochain d'une façon plus complète.

En effet, l'appareil volant est capable de vitesses que l'appareil flottant (navire, torpilleur, canot) ne peut atteindre; en outre il peut disposer d'un rayon d'horizon plus grand; enfin il coûte peu.

Cela est suffisant pour permettre de préconiser une transformation remarquable dans certains problèmes de reconnaissance stratégique. Sans entrer dans des détails qui m'entraîneraient trop loin, je veux cependant faire observer que l'aéroplane pourra probablement généraliser l'emploi de ces ingénieuses courbes de recherche dont la conception initiale est due à des officiers de la marine française et dont l'application pratique est bornée, principalement, à cause : 1º De la forte disproportion entre la vitesse des navires et le rayon d'observation dont on peut disposer à bord; 2º du vaste champ d'opération des escadres.

La facilité avec laquelle on peut observer d'en haut la formation d'une escadre ennemie et ses évolutions à peine ébauchées, découvrir des sous-marins, des torpilles ou même la nature du fond, la possibilité dans certains cas de contribuer à un bon réglage du tir ou d'assurer des communications d'un genre spécial peuvent donner à penser sur le rôle que l'aéroplane pourra jouer dans une guerre navale.

Enfin il pourra avoir une fonction directement offensive en laissant tomber des projectiles sur les parties les moins protégées des navires. Voilà qui suffira pour influer tant soit peu sur l'architecture navale...

Ces différents buts que j'ai effleurés ne m'ont pas obligé à considérer le grand navire de combat, l'engin de guerre que la fantaisie se plaît à concevoir comme un monstre de puissance et de vitesse, cuirassé, éperonné et armé de canons foudroyants.

Mais qui est-ce qui oserait en rejeter d'une façon absolue la possibilité ?

Je laisserai à un Mahan de l'avenir la tâche de décrire les merveilleuses conséquences du « Air power » (pouvoir de l'air) et dans l'espoir que l'aéroplane soit surtout un engin de paix, je passerai rapidement à l'aviation marchande.

Aéroplane de transport

J'avouerai d'abord que je ne saurais pas concevoir l'aéroplane comme moyen de transport sans l'imaginer grand et rapide.

Il n'aurait sans cela aucune raison d'être. L'hypothèse de sa réalisation est-elle absurde? En tout cas, il faudra considérer pour sa généralisation non seulement le côté technique, mais encore le côté « affaire ». Je supposerai très simplement (ce qui est très facile) que l'on puisse toujours trouver des personnes qui payeront assez cher une vitesse trois fois supérieure à celle des modernes paquebots,

Cette vitesse, sans être exagérée pour un aéroplane, permettra déjà de passer d'Europe en Amérique en un peu plus de vingt-quatre heures. Mais on atteindra très probablement, au moins sur mer, des vitesses bien plus considérables, et dans certains trajets on pourra utiliser les vents constants en plongeant le navire volant dans ces immenses fleuves aériens dont on pourra choisir la direction entre des limites assez larges.

Quant à la réalisation des machines de grand tonnage capables de transporter, pour des navigations au long cours, un certain nombre de personnes, sans la vouloir préconiser d'une façon absolue, je me bornerai à exprimer la conviction que rien ne s'y oppose, en principe.

J'observerai d'abord que le *Cobra* et le *Viper*, destroyers de la marine anglaise, avaient une puissance de machine suffisante à les faire voler, comme un simple calcul numérique peut le démontrer (*Cobra*, 430 tonnes, 12.000 chevaux; *Viper*, 370 tonnes, 12.000 chevaux).

Et encore, il faut remarquer qu'ils étaient mûs par des moteurs à turbine qui exigent des machines auxiliaires pour la marche arrière (ce qui dans l'aéroplane n'existe pas; qu'ils avaient de longs et lourds arbres d'hélice (ce qui serait évité dans un aéroplane) et enfin qu'ils possédaient des coques calculées (avec une approximation inférieure, comme malheureusement le désastre l'a démontré) pour des efforts bien plus grands que ceux qu'un aéroplane de mêmes dimensions supporterait dans l'atmosphère.

Enfin, le moteur à vapeur (le seul probablement qui puisse être aujourd'hui raisonnablement employé dans un cas semblable) n'a pas encore atteint sa légèreté maxima; les générateurs en sont bien loin.

Il ne faut cependant pas oublier que les moteurs à vapeur de Maxim, d'Ader et de Langley n'étaient pas plus lourds que quelques-uns de nos moteurs d'aviation actuels.

J'ajouterai enfin qu'en abordant hardiment le problème des grands appareils, on aura d'agréables surprises dans le meilleur rendement des grandes hélices, des grandes surfaces et dans la disposition de ces dernières qui pourra être, comme Langley l'a prévu, plus mécaniquement élégante.

Cette façon de voir exigerait évidemment un examen moins superficiel, mais j'ai déjà trop écrit.

Je me permettrai seulement de dire, en concluant, que l'étude d'appareils un peu plus lourds et plus puissants serait extrêmement intéressante. Cette étude n'est pas au delà de nos forces et la difficulté la plus grande, pour sa réalisation, réside tout entière dans les moyens pécuniaires. Mais Langley, Maxim et Ader ont utilement disposé de moyens semblables lorsque l'aviation n'était qu'à l'horizon.

Cela permet d'espérer que, dès maintenant, cette difficulté ne saurait arrêter pour longtemps le merveilleux épanouissement de l'aviation, d'une science qui va devenir une industrie bien plus importante que l'industrie automobile, bien plus importante que l'industrie navale, et, ce qui est mieux, un moyen de progrès et de civilisation superbe comme la pensée qui l'a créé, grandiose comme l'espace qu'il va conquérir.

Mario CALDERARA,

Lieutenant de vaisseau de la Marine royale italienne.

Aéronefs, aéroplanes

et pacifisme [1]

Les hardis pionniers qui se disputent en ce moment la conquête de l'air jouissent d'une singulière fortune. Non seulement leurs exploits paradoxaux stimulent l'ingéniosité des inventeurs, surexcitent la curiosité des badauds, suscitent les libéralités des mécènes et des gouvernements, mais voici qu'ils viennent de réaliser un miracle plus rare : ils viennent de réconcilier les théoriciens de la guerre et ceux de la paix, les nationalistes et les pacifistes. Fortunés aéronautes ! Bienheureux aviateurs !

Il y a quelques jours, M. Lasies proposait à la Chambre des Députés l'inscription d'une somme de cent mille francs au budget de l'instruction

_____

(1) On nous communique, au moment de la mise en page de ce volume, un remarquable article écrit par notre ami M. Ch. Gide dans le même sens que celui de M. Th. Ruyssen. Nous regrettons de ne pas en avoir en connaissance à temps pour le publier. Il a paru dans l'*Emancipation.* (Février 1909).

E.-C.

publique en faveur de l'aviation. Mais, dès le 20 août, il était devancé par l'un des plus en vue parmi les organisateurs de la Paix, M. d'Estournelles de Constant. Et ce n'est pas au ministre de l'instruction publique, ni à celui des travaux publics, que M. d'Estournelles demandait de soutenir des deniers de l'Etat l'effort des aviateurs : c'est au ministre de la guerre. Interrogé par l'un de nos amis, M. Jacques Dumas, sur les raisons de cette intervention, l'éminent sénateur de la Sarthe s'est expliqué dans une lettre fort intéressante, que vient de publier *l'Almanach de la Paix* de 1909. Or, ce même *Almanach* publie également un article vigoureux d'un autre de nos meilleurs amis, d'un pacifiste notoire, du président de la Délégation permanente des Sociétés françaises de la Paix, M. Charles Richet ; et cet article, avec des considérants plus techniques que la lettre de M. d'Estournelles de Constant, soutient identiquement la même thèse, à savoir que la conquête de l'air est aussi la conquête de la paix, que le succès des ballons dirigeables et des aéroplanes signale la faillite des grands armements, et que les pacifistes n'ont rien de mieux à faire que d'appuyer l'ouverture d'un budget militaire de l'aéronautique et de l'aéroplanie.

Et voici, brièvement, mais fidèlement résumés, les arguments, à coup sûr très spécieux, de cette thèse.

A dépense égale, tout d'abord, les machines aériennes, quelles qu'elles soient, réalisent une puissance agressive et défensive très supérieure à

WRIGHT au camp d'Auvours   (Octobre 1908)   Cliché communiqué par la « Revue aérienne »

celle des armements actuels. Un aéroplane coûte de 10 à 20.000 francs ; un ballon dirigeable, de 50 à 100.000 francs. Qu'est cela comparé au prix d'un seul cuirassé, d'une forteresse, de l'artillerie d'un corps d'armée ! Et quelle n'est pas l'efficacité militaire d'engins aussi économiques ! Chargé de 2.000 kilos de mélinite ou de phosphore, un ballon dirigeable allemand peut, en une nuit, aller incendier Paris, Londres ou Vienne. (1) Une demi-douzaine d'aéroplanes, porteurs de quelques torpilles aériennes, peuvent détruire en quelques instants une escadre cuirassée. Evoluant avec une rapidité et une sûreté extrêmes, ces « machines volantes » échapperont à tout moyen de poursuite ou de destruction. Dès lors, la face de la guerre sera changée ; ce ne seront plus les combattants qui seront seuls exposés, à la frontière ; ce seront les villes les plus lointaines, les villages les plus paisibles. Il n'y aura plus un coin où la sécurité soit assurée ; et la terreur d'aussi effroyables menaces sera telle que la conscience universelle se révoltera contre « l'énormité du crime ».

Telle est la thèse, et l'on comprend dès lors que les pacifistes, adversaires habituels des charges nouvelles de la paix armée, s'accordent avec les nationalistes pour réclamer des ministres de la guerre et de la marine l'application immédiate à la défense nationale des engins volants les plus rapides et les plus puissants.

---

(1) Même observation que pour l'article de M. Ch. Richet quant à l'interdiction de l'art. 25 du règlement de La Haye. Voir plus loin.

M'en voudra-t-on de troubler un instant cet accord ? Et puis-je m'autoriser d'une très respectueuse amitié pour exposer à MM. d'Estournelles de Constant et Charles Richet les doutes que m'a laissés leur argumentation ?

Ce qui m'inquiète, tout d'abord, c'est l'accord même, accord inusité, des militaristes et des antimilitaristes à saluer d'enthousiasme les progrès de l'aéronautique et de l'aviation. Il n'est pas douteux que les espérances suscitées chez le plus grand nombre par les merveilleuses inventions des Wright, des Zeppelin, des Blériot, Farman, Delagrange, etc., ne procèdent de sentiments qui ne sont rien moins que pacifistes. M. Charles Richet l'écrit lui-même : « L'intérêt pris par les gouvernements aux choses de l'aéronautique et de l'aviation est, pour une grande part, un intérêt militaire. » C'est pour satisfaire aux conditions imposées par le ministre français de la guerre que Wilbur Wright multiplie ses performances au camp d'Auvours, tandis que son frère s'applique à satisfaire aux exigences du Secrétariat de la Guerre aux Etats-Unis. Militaire, le *Nulli Secundus* anglais ; militaires les *Zeppelin* ; et sans doute l'incendie du *Zeppelin I* n'aurait pas provoqué en Allemagne une souscription populaire de 5 millions de marcks, si le chauvinisme n'avait ressenti, à l'occasion de cet accident, une grosse déception militaire. Soyons-en bien convaincus ; si la conquête de l'air passionne à ce point l'opinion publique, c'est que celle-ci y aperçoit, non pas un moyen d'empêcher la guerre, de la rendre impossible, mais un moyen de la faire, de la rendre plus efficace, plus terrible, plus destructrice. On veut des ballons et des aéroplanes de guerre, comme on a voulu des cuirassés, des torpilleurs, des automobiles, des télégraphes de guerre, non pas sans doute avec l'intention expresse d'en faire usage à bref délai contre un adversaire donné, mais avec l'idée bien arrêtée que *cela servira quelque jour*, et que cela fera de « bonne besogne », c'est-à-dire besogne foudroyante de meurtre, d'incendie, d'anéantissement. On nourrit en outre l'espoir secret que, le jour où ces engins sont appelés à servir, l'adversaire pourrait bien n'être pas au même point, n'avoir ni les meilleurs modèles de moteurs, ni la flotte aérienne la plus nombreuse, ni les pilotes les plus exercés et c'est pour cela qu'on se presse, qu'on multiplie les essais et les recommencements. Car il y aura toujours, en pareille matière, des armements en avance et d'autres en retard, comme il y a, en peu d'années, des artilleries vieillies, des cuirassés hors d'usage, des tactiques arriérées. Aussi les progrès de la navigation aérienne ne vaudront-ils pour la paix que selon les dispositions d'esprit dans lesquelles ils seront réalisés, et ce sera toujours pour la paix une garantie chanceuse, précaire, énervante et démoralisante, que la simple peur du pire.

Aussi bien, ne suis-je point pleinement rassuré sur la contribution qu'apporterait la conquête défi- nitive de l'air à la suppression de la guerre même. Sans être le moins du monde ingénieur, artilleur ou tacticien, j'imagine que la guerre future, pour devenir la guerre « en l'air », n'en serait pas moins la guerre. Que les formes actuelles de la guerre terrestre ou maritime en doivent être transformées, bouleversées, je l'admets volontiers. Mais du jour où cette transformation deviendrait évidente, il est probable que les nations militaires porteraient tous leurs efforts et leurs ressources, devenues par ailleurs disponibles, du côté de l'offensive et de la défensive aériennes. Plus de flotte de guerre, plus de forteresse, d'artillerie de terre, soit! Voici bien des millions vacants pour créer des flottes formidables de milliers d'aéroplanes ou de ballons dirigeables. Sans doute l'adversaire se fera un jeu de franchir la frontière : mais, outre que le risque sera le même de part et d'autre, ne peut-on concevoir que d'innombrables aéro-flottilles guettent à tout moment l'adversaire? Qu'égales en vitesse, en mobilité, en « dirigeabilité », elles exposent l'envahisseur à de véritables « abordages »? ou encore qu'elles disposent d'engins balistiques très légers, mais suffisants pour faire pleuvoir sur l'aéronef ou l'aéroplane ennemi des projectiles, de simples fusées incendiaires, susceptibles de les réduire à l'impuissance? Si parfaites soient-elles, les machines volantes resteront, en raison de leur légèreté, des outils fort délicats, qu'un choc léger suffira à fausser, quand l'incendie ne les anéantira pas. Aussi bien, l'artillerie terrestre a-t-elle dit son dernier mot? On tendait, jusqu'à présent, à la translation horizontale de projectiles fort lourds, doués d'une formidable puissance d'explosion ou

Farman de Châlons à Reims (30 octobre 1908).

de pénétration; désormais on cherchera à diriger vers les hautes régions de l'atmosphère des gerbes de mitraille qui atteindront le ballon et l'aéroplane, comme le plomb dispersé du chasseur fracasse au vol les ailes des oiseaux les plus rapides.

Bref, il ne me paraît pas permis d'espérer qu'aucune invention nouvelle réalise, par une sorte de séquence automatique, l'état de paix durable auquel travaillent les pacifistes. Quand, il y a quelque trente ans, les premières torpilles mobiles furent exécutées, on put croire que le règne du cuirassé était fini et, avec lui, celui des grandes guerres navales. Pareille illusion s'est fait jour lors de la découverte du sous-marin. Cependant le cuirassé se défend; toutes les grandes flottes sont en train d'en construire de nouveaux; seulement ils sont mieux défendus, plus rapides, plus coûteux que jamais. Dussent-ils céder la place au submersible, que la guerre sous-maritime n'en serait pas moins la guerre avec ses horreurs, ses drames imprévus, ses atroces surprises. J'ai grand peur qu'il n'en soit de même de la guerre aérienne. Ce qu'une invention rend difficile ou impossible, une autre invention le rendra possible à nouveau, en neutralisant l'efficacité de la première, et il est vraiment d'une étrange logique d'assigner une borne au génie destructeur de l'homme, au moment même où l'on applaudit aux œuvres de son génie créateur.

Aussi ne puis-je constater sans regret que la France, avec l'Allemagne, la Russie, le Japon, l'Espagne, l'Italie, a refusé, à La Haye, de renouveler l'interdiction de lancer des projectiles du haut des ballons. La première Conférence avait voté cette prohibition à l'unanimité. La raison de ce touchant unisson est, hélas! trop claire. En 1899, la conquête de l'air n'était guère qu'une utopie. Le ballon dirigeable ne semblait devoir être, s'il conquérait un jour l'espace, qu'un jouet périlleux pour le seul aéronaute. Dès lors, en excluant l'aéronautique de l'appareil de la guerre future, on ne privait l'offensive, comme la défensive, que d'un accessoire insignifiant. Mais voici qu'avec les Santos-Dumont, les Delagrange, les Wright, le vaisseau aérien se révèle comme un engin de guerre de premier ordre. Bien vite on jette par dessus bord, comme un lest gênant, les principes humanitaires qu'on avait appliqués à si bon marché huit ans plus tôt. Interdire le bombardement du haut des ballons, c'était bon quand on croyait la chose impossible! Mais du moment qu'ils servent à quelque chose, oh! c'est autre chose! Carte blanche aux pilotes aériens pour dynamiter les villes ouvertes, incendier les moissons, détruire les aqueducs et les chemins de fer! Comment ne voit-on pas que ce désaveu d'un article du code de 1899 jette la suspicion sur l'œuvre tout entière et éclaire d'un jour fâcheux les mobiles secrets qui ont inspiré les législateurs de la première Conférence.

M. d'Estournelles de Constant, il est vrai, justifie de façon fort ingénieuse la volte-face de la Conférence. L'aviation et l'aéronautique, pense-t-il, mettent une force défensive inconnue jus-

qu'ici aux mains des petites puissances, et les
rapprochent pratiquement du niveau des grands
états militaires, ce qui équivaut, pratiquement,
à supprimer la supériorité militaire des grosses
puissances, et à garantir l'indépendance des
faibles. Mais d'où vient, en ce cas, que, parmi les
plénipotentiaires qui ont refusé leur signature à
la convention de 1907, on relève surtout les noms
de délégués de puissances militaires : France,
Allemagne, Russie, Japon, Italie, et que les
petites puissances pacifiques : Belgique, Dane-
mark, Norwège, Suède, Suisse, Monténégro,
Portugal, etc., aient presque unanimement adhéré
à l'interdiction des projectiles lancés du haut des
ballons? Et les délégués des petites puissances ont
eu raison. Ils se sont dit sans doute, que, pour
modifier les conditions de la guerre, ballons et
aéroplanes n'en coûteraient pas moins des millions
en appareils, en arsenaux, en écoles spéciales et,
qu'en définitive, la prépondérance reviendrait
toujours à cette forme déguisée de la brutalité
qu'est la supériorité du nombre et des ressources
budgétaires.

Il m'est donc impossible d'espérer que la guerre
aérienne soit une étape franchie vers l'établissement d'une paix durable. M. Charles Richet écrit :
« La guerre deviendra plus barbare, plus inhumaine, plus sanglante! Certes! Mais cela n'est
pas pour nous déplaire. Loin de là! ». En vérité,
on a peine à prendre cette boutade pessimiste pour
l'expression fidèle du pacifisme. C'est une formule
de désespoir. Il nous faut d'autres mobiles, moins
négatifs, que l'aveugle peur pour fonder notre

espérance en un avenir meilleur de justice et de paix. Ces mobiles positifs, bien des fois exposés dans cette Revue, [1] c'est d'abord le souci croissant du droit, dont il nous semble apercevoir, jusque dans les négociations troubles des Balkans et dans l'affaire de Casablanca, le lent mais incontestable progrès; — c'est le développement d'un « esprit public » commun aux nations civilisées, grâce auquel la guerre semble de plus en plus monstrueuse, « inexpiable », entre nations associées à une vie mondiale commune; — c'est enfin et peut-être surtout, cette sorte d'égoïsme averti, sans cesse plus éclairé, à la lumière duquel les nations comprennent que leur suprême intérêt est la paix, parce que, de toutes les « affaires », la guerre est aujourd'hui la plus incertaine, la plus stérile, la plus ruineuse. *It does not pay.*

Théodore RUYSSEN,

Docteur ès-lettres,

Président de l'Association de la Paix par le Droit.

---

[1] La Paix par le Droit.

Pour l'Aviation militaire

J'ai peine à comprendre comment mon intervention auprès du Ministre de la Guerre en faveur de l'aviation a pu étonner qui ce soit, mais c'est un fait; expliquons-nous donc; j'ai le devoir de répondre à l'article de l'honorable M. Ruyssen d'autant plus que ses conclusions viennent d'être confirmées par un autre article non moins remarquable de mon ami M. Ch. Gide dans l'*Emancipation*.

Oui. j'ai écrit au Ministre de la Guerre, et, pour tout dire, je m'en félicite. Voici ma lettre, à M. le général Picquart :

La Flèche, 20 août 1908.

Monsieur le Ministre,

Nous sommes très heureux de voir l'Américain Wilbur Wright trouver dans la Sarthe les facilités nécessaires pour mener à bien ses expériences, dont chacun comprend l'intérêt et souhaite cordialement le succès, mais nous sommes, en revanche, nombreux à déplorer que la science nouvelle de l'aviation ne reçoive pas, en général, plus d'encouragements des pouvoirs publics. J'ai entendu, il y a déjà quelques mois, plusieurs aviateurs français du plus grand mérite déplorer les conditions mauvaises et très onéreuses où ils doivent poursuivre leurs essais dans les environs de Paris; ces conditions ont été encore aggravées par la mesure qui leur interdit le libre usage du champ de manœuvres d'Issy-les-Moulineaux.

Leurs essais intéressent pourtant la défense nationale autant que la science; sans vouloir rien exagérer quant à l'avenir de l'aviation, on peut prévoir que les aéroplanes rendront, tout au moins comme éclaireurs, d'inappréciables services à nos armées et à nos ports. N'est-il pas regrettable, dès lors, de les voir manquer des ressources que nous prodiguons si largement par ailleurs et ne pensez-vous pas que le Gouvernement de la République s'honorerait en inscrivant à son budget une dépense spécialement affectée à l'encouragement de l'aviation?

J'ai déjà entretenu de cette proposition le ministre des travaux publics, qui est le ministre de toutes les communications, même aériennes, et je compte vous poser, dans le même sens, une question à la tribune du Sénat, le jour que vous voudrez bien me fixer à la rentrée.

Veuillez agréer, etc.

D'ESTOURNELLES DE CONSTANT.

Je pourrais me dégager de toute controverse en constatant qu'après avoir obtenu du Ministre de la Guerre la satisfaction spéciale que je réclamais, c'est-à-dire le libre usage du terrain d'Issy-les Moulineaux, sans parler d'Auvours et du camp de Châlons, je me suis adressé ailleurs; au Ministre des Travaux publics, au Conseil général de la Sarthe (1), au Conseil

(1) Voir aux annexes les débats du Conseil général de la Sarthe, et comme conclusion la première subvention Départementale et Municipale votée en France.

municipal du Mans, au Parlement, et qu'en frappant à tant de portes, à peu près simultanément, j'ai multiplié mes chances d'aboutir ; mais je ne me déroberai pas ; et j'entends démontrer pourquoi je m'intéresse à l'avenir de l'aviation militaire, comme je m'intéresse à l'avenir des torpilles et des sous-marins, pourquoi enfin, dans l'intérêt de la paix, c'est au Ministre de la Guerre que j'ai commencé par écrire.

Les circonstances, le hasard presque, m'ont fourni, puis imposé l'occasion d'intervenir. J'avais rencontré un jour à Paris un aviateur, qui pourtant ne se plaignait pas ; j'avais mesuré ses difficultés, son abnégation et en même temps l'abstention des pouvoirs publics. Ce contraste me pesait. — Plus tard l'arrivée de Wilbur Wright à quelques kilomètres de chez moi, dans la Sarthe, aviva mon admiration pour ces intrépides et modestes conquérants de l'air ; je fus obsédé du désir de les aider, en suscitant en leur faveur toutes les intervention pratiques, possibles, depuis celle de mon comice agricole de La Flèche jusqu'à celles du Gouvernement et du Parlement.

Ai-je réussi ? Certainement ; plus vite et mieux que je n'espérais. Aurais-je réussi aussi bien si j'avais commencé par saisir de ma protestation le Ministre du Commerce ou celui de l'Instruction publique ? J'en doute, et sur ce point je ne suis hélas pas novice.

C'est une expérience analogue que j'ai déjà faite quand je me suis adressé, combien de fois !... au Ministre de la Marine en invoquant presque exclusivement des intérêts maritimes et militaires pour signaler des gaspillages menaçant pourtant notre activité nationale toute entière. J'ai cherché le point le plus sensible. Par là j'ai pu montrer que ces gaspillages spéciaux étaient un mal pour la France et en même temps pour les autres pays et qu'on devrait se concerter afin d'y porter remède. — Ai-je eu tort d'ouvrir ou plutôt de forcer ainsi la discussion sur la limitation des armements ? Et qui soutiendra que, dans cet ordre d'idées, les progrès de l'aviation ne m'apportent pas un argument de plus ! — Il est vrai que mes interpellations sur la marine semblent n'avoir abouti à aucun résultat, jusqu'à présent, mais le problème n'en a pas moins été inscrit à l'ordre du jour de tous les Parlements, et c'est toute la question des avantages de la justice internationale qui commence à s'élucider devant l'opinion hier ignorante et résignée.

Il en sera de même des débats sur l'aviation. Pour ma part, j'y vois un nouveau moyen d'instruire l'opinion dans son ensemble, toute l'opinion, afin qu'elle pèse avec d'autant plus

Le monoplan BLÉRIOT n° 8.

de force sur les pouvoirs publics. Reconnaissons donc sans hésiter que l'aviation, à côté de ses bienfaits sans nombre et qui sautent aux yeux, rendra de grands services en outre à la guerre et à la marine ; intéressons ces deux ministères à ses succès, et, du même coup, obtenons d'eux pour elle toute la collaboration possible : des subventions, des facilités, sous forme de terrains, de parcs, de hangars, de champs de tir et de manœuvres ; éveillons chez nos officiers et chez nos soldats qui brûlent du désir de participer à l'activité générale une ambition nouvelle. Ce sera autant de gagné pour notre pays, pour sa puissance défensive et pour son prestige ; ce sera autant de gagné pour la science et finalement pour la paix ; car, en dépit de tout et quelles que puissent être les arrière-pensées ou la courte vue de ceux qui la servent, l'aviation n'en sera pas moins un trait d'union, un moyen de pénétration et d'éducation ; — éducation nationale et internationale ; elle élevera mieux que matériellement, moralement et intellectuellement les hommes au-dessus de leurs préventions. Ne négligeons pas ce moyen inespéré.

« Mais vous vous trompez, me dit-on, l'ap-
« plication de l'aviation à la guerre ne sera
« qu'une aggravation et non un remède ; c'est
« toujours la même chose ; les torpilleurs et

« les sous-marins devaient, eux aussi, avoir
« raison des cuirassés; jamais cependant on
« n'en a tant construit et de plus formidables !
« Et, d'ailleurs, les grands pays auront tous
« des aéroplanes, et plus encore que les petits
« pays, puisqu'ils sont plus riches; l'inégalité
« des forces restera la même. »

Non, cette proportionnalité n'est qu'une
apparence. Les cuirassés ont pour eux la tradition des flottes de haut bord et de très puissants avocats; ils existent, ils augmentent en
nombre et en tonnage; mais ce qu'il faudrait
démontrer, c'est qu'ils seront les plus forts;
tout est là; de même qu'on n'a pas démontré
la prétendue supériorité de l'artillerie à très
longue portée quand on lui a donné une préférence éphémère sur l'artillerie moyenne. On
reviendra de cette erreur comme des autres,
mais, en attendant, on aura construit à l'envi
des Dreadnought dans tous les pays, sur cette
illusion générale. La vérité n'en restera pas
moins la vérité; on ne pourra bientôt plus
contester, malgré tout, que la défense d'un
petit pays, assurée par le patriotisme de ses
habitants bien encadrés, bien disciplinés, bien
convaincus de la justice de leur cause, bien
exercés aux marches, aux manœuvres, au tir
et disposant d'une organisation très scientifique de mines, de torpilles, de sous-marins,
d'aéroplanes, le rendrait presque inattaquable

et ferait réfléchir grandement son agresseur, si puissant qu'il fût.

« Soit encore, répondent mes contradicteurs, l'aéroplane sera destructeur comme la torpille, mais quelle profanation, quelle pitié de consacrer une telle découverte de la civilisation au service de la violence! »

Je demande à mes contradicteurs, dont je connais l'ardent et pur patriotisme, une explication sur ce mot *violence*. Nous serons d'accord, j'en suis sûr. Moi aussi je déteste et je méprise la violence; mais plus elle me révolte, moins je me résigne à la supporter. Je ne confonds pas la violence de l'agresseur avec la résistance violente et désespérée de l'opprimé. J'admire, j'encourage et je servirai de toutes mes forces la violence de l'un, autant que je combattrai celle de l'autre. Pour aider l'opprimé ne dois-je pas armer sa faiblesse contre les attentats qui le menacent? Et, sans parler même d'opprimé, les magnifiques découvertes de la science ne doivent-elles pas servir à défendre la civilisation contre un retour de barbarie, un égarement inattendu? Quelle responsabilité prendrais-je si j'osais priver mon pays, dont l'existence et dont l'action m'apparaissent de plus en plus comme indispensables au progrès du monde, si j'osais le priver des moyens nouveaux que le génie humain lui apporte de compenser son infériorité purement numérique, et si je ne mettais pas à son service des forces réelles qui pourront intimider ses agresseurs éventuels! La France, en prévision d'une attaque possible, et, à plus forte raison, un Etat faible, doit pousser au suprême degré de perfection et d'efficacité les moyens de faire respecter non pas seulement son sol, mais sa liberté, son droit, la liberté, le droit. Et il me semble que je trahirais ma cause si je lui enlevais, par un scrupule injustifié, une force qui peut contribuer à son triomphe.

J'ai combattu les erreurs qui peuvent affaiblir moralement et matériellement la France et dont pourraient, par conséquent, profiter ses adversaires et les ennemis de la paix. C'est dans cet esprit que, d'accord avec mes collégues Français, je n'ai pas voulu admettre, à la conférence de la Haye, qu'un Etat fût privé du droit d'utiliser l'aviation pour se défendre en cas de guerre. Et ici les critiques que l'on nous adresse portent à faux. Nous avons interdit ce qu'il fallait interdire : l'attaque et le bombardement « des villes, villages, habitations et bâtiments qui ne sont pas défendus ». Afin de ne laisser place à aucun doute et d'appliquer cette interdiction aux ballons et aux aéroplanes comme aux autres moyens d'attaques, nous l'avons étendue à toutes les inventions possibles de l'avenir, en ajoutant au texte primitif : « il est interdit d'attaquer ou de bombarder », ces mots nouveaux « *par quelque moyen que ce soit* »; en sorte que le texte de l'article 25 du règlement concernant les lois et coutumes de la guerre est aujourd'hui le suivant : art. 25 : « Il est interdit d'attaquer ou de bombarder, par quelque moyen que ce soit, des villes, villages, habitations ou bâtiments qui ne sont pas défendus ».

Devions-nous étendre davantage cette interdiction? Non. De quel droit, et au nom de quel principe de justice empêcherons-nous les ballons de bombarder une armée d'invasion en marche, un camp retranché, ou une escadre de blocus? Cette interdiction, au moment où la locomotion aérienne entre dans la période pratique, n'aurait nui qu'aux Etats les plus faibles. On m'objecte, il est vrai et avec raison, que les Etats les plus faibles, bons juges en la matière, ont été nombreux à voter pour l'interdiction. Rien de plus exact, mais je répondrai qu'à leur place j'aurais voté contre. Je maintiens qu'il est monstrueux de considérer comme normal et comme licite le bombardement d'une ville par une escadre cuirassée et d'interdire le bombardement de cette même escadre par le feu de quelques ballons ou aéroplanes. En quoi l'usage de ces ballons est-il plus condamnable que celui des sous-marins, des submersibles, des torpilles et des mines dormantes ou flottantes ? Un Etat assez riche pour acheter des cuirassés aura le droit de bombarder un port ; mais, s'il est pauvre et s'il n'a d'autre ressource que l'intrépidité et le génie de ses aviateurs, il devra se laisser bombarder ! Il aura l'autorisation de ruiner sa population pour acheter des cuirassés de cinquante millions, mais on ne lui permettrait pas d'armer un aéroplane de dix mille francs !

Non, cela n'est décidément pas soutenable ; c'est tout ou rien : Les petites Puissances doivent avoir le droit de se défendre comme les grandes ont le droit d'attaquer et, si elles n'ont pas les moyens classiques, les flottes et les corps d'armée, laissons-leur du moins les moyens nouveaux, les suprêmes protections, les flottes sous-marines et aériennes. Les restrictions qui nous paraissent humaines et sages peuvent aboutir à l'iniquité. Travaillons, certes, et passionnément, chacun dans la mesure du possible, à développer le souci croissant du Droit et l'organisation de la Justice, mais, en même temps, ne faisons pas la part trop belle à ceux-là mêmes qui contrarient le plus notre action ; ne permettons pas qu'ils puissent brutalement se jouer des résistances morales ; laissons entrevoir aux plus forts que la guerre n'est pas sans risques,

même pour eux, et que ses « perfectionnements » en compromettent singulièrement les
avantages. Jadis le plus faible était écrasé
d'avance; aujourd'hui la science vient à son
aide et lui permet, sinon de vaincre, tout au
moins, de tenir en échec son agresseur et de
l'épuiser, de lui susciter des complications
intérieures, financières, internationales. Si
l'aviation ajoute un raffinement de plus à ces
perfectionnements, et si, de progrès en progrès,
la guerre devient un tel objet de dégoût et
d'épouvante pour les peuples qu'elle cesse
d'être une tentation ou une diversion, même
pour les Gouvernements les plus cyniques
et les plus aveugles, il me semble que cet
excès d'horreur nous rapproche beaucoup plus
de la paix que du désespoir.

D'ESTOURNELLES DE CONSTANT.

Monoplan ESNAULT-PELTERIE (Prix des 200 mètres)

Le tourisme aérien

Le tourisme aérien

et le Touring-Club

Nous empruntons l'article suivant au bulletin
de Décembre du Touring-Club pour plusieurs
motifs, sans parler de son intérêt : il nous montre que l'aviation prend déjà place dans les
préoccupations du monde du sport ; c'est à la fois
un symptôme et une condition de succès ; en
outre, il nous fournit l'occasion d'associer à notre
manifestation et à notre œuvre de propagande
l'institution du Touring-Club qui a tant fait, —
plus encore qu'on ne peut le croire, — pour la mise
en valeur et pour la conservation de nos richesses
nationales. L'existence et l'action du Touring-Club
dans un pays civilisé sont au Gouvernement et à
l'opinion de ce pays comme le ferment est à la
pâte.

Il faut dire que cette association toute entière a
vécu de la pensée, de l'initiative, du désintéressement et du dévouement d'un seul cœur. Son
fondateur, M. Ballif, que nous connaissons à peine
personnellement mais que nous jugeons par son

œuvre, a suscité autour de lui l'âme créatrice et bienfaitrice avec la foi qui soulève les montagnes. Nous ne voulons pas manquer de rendre, à lui et à l'admirable élite des collaborateurs qu'il a formés à son image et qui l'ont compris, l'hommage d'estime et de reconnaissance qui leur est dû.

Le Touring-Club contribue à rendre la France accessible et habitable, en d'autres termes, à la faire connaître et à la faire aimer, ; grâce à ses efforts, pour une part. nous voyons se dissiper bien des préventions traditionnelles de l'étranger à notre égard, et se multiplier des sympathies dont notre commerce et notre politique ont déjà tiré honneur et profit. — Tandis que d'autres travaillent à faire aimer la France au dehors et à lui recruter des amis et des clients dans toutes les parties du monde, le Touring-Club accueille de son mieux cette clientèle, de façon que chaque étranger voyageant chez nous rapporte dans son pays des sentiments favorables qui se propagent. Ainsi l'œuvre de la Conciliation Internationale et celle de la mise en œuvre de nos ressources nationales se complètent l'une l'autre et sont vraiment indivisibles.

D'Estournelles de Constant.

Les temps où nous volerons sont proches. — Trois éléments de succès : routes nouvelles, vitesses moyennes impossibles à réaliser sur terre, appareils peu coûteux et demandant peu d'entretien. — Que faut-il penser de la suppression des frontières? — Que fera le Touring-Club pour les « volateurs » ? Préparation des gîtes. Installation des relais. Jalonnement de la route.

*
* *

On a baptisé Farman et Blériot « premiers touristes aériens » à la suite de leurs récentes prouesses ayant consisté à effectuer à travers la campagne, le premier, un vol de 25 kilomètres à l'allure de 75 kilomètres de moyenne entre Bouy, village de Champagne, et Reims; l'autre un vol de 14 kilomètres à 85 kilomètres de moyenne de Toury à Artenay, en Beauce, pour revenir ensuite à son point de départ, avec escale à mi-chemin.

Nous sommes bien en effet à l'origine du tourisme aérien; toutes les aspirations de nos contemporains sont orientées vers de nouvelles sensations. L'automobile aujourd'hui dans nos mœurs ne suscite plus le moindre étonnement et suit son cours; demain elle aura cédé à la jeune aviation son titre de « locomotion nouvelle » qu'elle avait elle-même ravi à la bicyclette.

Ce demain est-il proche? On se le demande anxieusement, et à cet égard les avis sont très partagés; les optimistes tirent d'un côté, les pessimistes de l'autre. Défendons-nous d'eux, laissons-les à leurs conclusions d'impulsifs, et tâchons de rester dans le clan des gens sensés, amateurs de progrès, mais aussi de réflexion.

Eh bien, les mêmes qui n'auraient osé affirmer il y a

un an seulement que notre génération conquerrait l'empire du ciel, auraient tort de rester maintenant sur la même réserve. Nous sommes à la période de frénétique attente pour les inactifs, de suprême activité pour les autres ; des sociétés vont se créer, des usines se construire pour monter des aéroplanes et en vendre ; cet engouement, fût-il prématuré, ne sera pas vain.

Il n'est plus permis, à mon avis, de douter d'un succès très prochain, et comme cette nouvelle puissance que l'homme s'est arrogée sur les éléments va modifier nos mœurs encore plus profondément que n'ont fait la bicyclette et l'automobile, le moment est venu d'envisager les conséquences de son exploitation sur l'évolution de l'humanité, de voir quels horizons nouveaux peuvent s'ouvrir à nous, quels avantages nous offrira la locomotion aérienne sur les locomotions terrestres, et tout au moins de signaler pourquoi la future industrie est appelée à prendre un essor rapide dès que les questions techniques seront solutionnées.

**

Je disais tout à l'heure que la bicyclette et l'automobile avaient eu une moindre répercussion sur notre façon de vivre. Pourquoi ?

Ce qui fait la grosse différence entre la merveilleuse bicyclette et l'automobile d'une part, et la machine volante d'autre part, c'est que les deux premiers instruments ne nous ont, à proprement parler, pas ouvert de voies nouvelles, ils nous ont simplement donné un plus grand champ d'action et des satisfactions nouvelles.

La première possède sur le cheval, notre moteur préhistorique, l'avantage d'aller plus vite, plus longtemps, d'être plus résistante à la fatigue grâce à nos propres muscles, de ne réclamer aucun soin en dehors des heures de service, de n'être sujette qu'à des maladies et non à la mort, de coûter moins cher, de demander moins de place pour se loger, moins de soins à l'étape, de rendre son cavalier indépendant, etc.. D'ailleurs je n'ai pas à prêcher l'évangile à des convertis, je m'en tiens là.

L'automobile nous a donné plus de vitesse, plus de confort, sauf à ses débuts; mais bien qu'en pratique, les mêmes chemins soient communs à la bicyclette et à l'automobile, à cette dernière il faut une route plus large, mieux préparée; le réseau de l'automobile est plus réduit que celui de la bicyclette.

La machine volante, elle, se passera de route. Quand elle sera tout à fait au point, on franchira plaines, vallons et montagnes sans risques; on pourra donc aborder des régions délaissées jusqu'ici faute de routes pour y accéder. L'alpinisme peut changer de note du jour au lendemain; les routes vers les cimes seront libres et aussi coulantes que les routes de la plaine; pour y accéder, il ne faudra que de l'audace et un tout petit espace pour atterrir.

Nous pouvons prévoir que les déserts, les régions polaires déchireront demain pour nous leur voile de mystère.

Car il faut ajouter qu'à l'ouverture des routes nouvelles en nombre infini, qui — précieux bienfait de l'aviation — s'ouvriront à notre curiosité, à notre ardeur de connaître, s'ajoutera la possibilité de les parcourir très vite; et ce n'est pas un mince avantage.

Avant peu, on atteindra la vitesse de 150 à l'heure et plus, si bien que les 1.500 kilomètres du Sahara pourront être franchis entre le lever et le coucher du soleil.

La route sera la ligne directe; la vitesse moyenne, la vitesse maxima.

Outre la très grande puissance qu'il lui faudrait pour atteindre ces vitesses, le dirigeable même a peu de chances de traverser le grand désert de sable; il lui faut des ravitaillements autrement importants; après l'essence, c'est l'hydrogène; il souffrirait beaucoup plus des rayons d'un soleil équatorial que l'aéroplane. Dans celui-ci, seul le moteur peut flancher, les autres organes sont presque inertes.

Au reste, le dirigeable pourrait faire d'immenses progrès qu'il ne serait pas un moyen de locomotion à l'usage du commun des mortels; son encombrement, son prix limiteront très vite ses applications; il ne sera jamais un instrument à la portée des bourses moyennes.

L'aéroplane, au contraire, se posera bientôt comme un instrument de tourisme concurrent de l'automobile et de la bicyclette, car l'aéroplane, ou plus généralement la machine volante, sera moins chère que l'automobile comme prix d'achat et entretien, et sera beaucoup plus rapide que la bicyclette.

Son mécanisme est peu compliqué : un moteur et une hélice. Tout le système de sustentation et de direction est fait de matériaux peu coûteux et d'une durée presque illimitée.

Dans l'automobile, le budget des pneumatiques est très chargé; on peut être certain que les toiles des ailes de nos machines dureront dix fois plus longtemps qu'eux. Heureusement, pas de surprises de ce côté; sauf le cas d'atterrissage en forêt, la toile n'aura jamais à subir le contact d'un corps susceptible de la détériorer : pas de silex là-haut. Soyez sûr en tout cas qu'un rechapage d'ailes coûtera moins qu'un rechapage de pneus.

En résumé, on paiera un aéroplane de quatre à six mille francs; on alimentera d'essence un moteur de 15 à 20 chevaux : mais rien ne dit que la dépense kilomé-

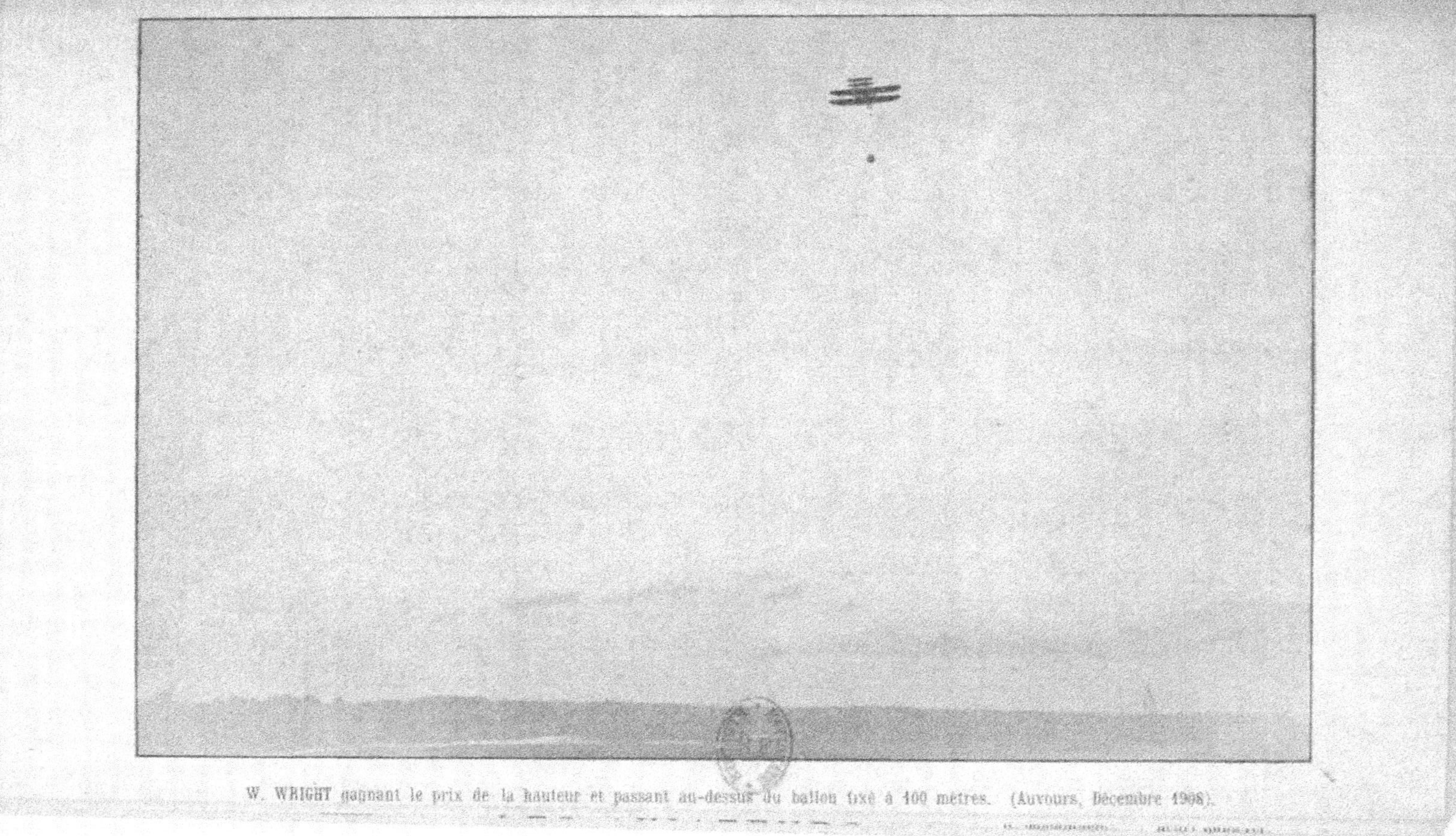

W. WRIGHT gagnant le prix de la hauteur et passant au-dessus du ballon fixé à 100 mètres. (Auvours, Décembre 1908).

trique sera plus élevée qu'avec l'auto. Les réparations seront peu de chose.

*
* *

Que cette ère nouvelle nous vienne vite !

Voilà ce qu'elle peut nous donner, mais n'en attendons pas ce qu'elle ne donnera pas.

Je ne vois jamais Paris desservi par aéroplanes par exemple ; l'automobile a encore de beaux jours à couler dans les villes ; et le métropolitain souterrain ne démolira pas demain ses tunnels audacieux.

L'aéroplane permettra d'accomplir très rapidement des parcours grands, moyens ou petits, en campagne ; mais, tel que nous l'entrevoyons, il ne doit apporter aucune perturbation dans les services urbains. Son encombrement, même réduit de moitié, et sa vitesse le lui interdisent.

En campagne on se croise, à droite, à gauche, dessus, dessous ; mais les résultats de collision d'aéroplane étant beaucoup plus graves que ceux d'une rencontre de taxis, même de taxi-autos, il faut renoncer à voir voltiger au-dessus d'une agglomération, une nuée de ces instruments qui se comportent fort bien quand ils progressent, mais qui, avant longtemps, ne sauront pas stationner.

*
* *

Wilbur Wright, interviewé sur les performances de Farman et de Blériot, manifeste une certaine appréhension de sentir les hommes-oiseaux s'aventurer loin de leur hangar. Il annonce des surprises ; les traîtrises du vent sont sans pareilles, dit-il ; nous verrons des accidents.

Les Wright sont deux hommes pour lesquels je professe une grande admiration ; je reconnais à leur appareil une caractéristique fort intéressante ; tous deux ont travaillé toujours avec calme et méthode dans une spécialité qui demandait de l'audace, et plus que de l'audace ; ils se permettent rarement de critiquer les autres. Etant donné qu'ils ne sont ni peureux, ni envieux, il semble qu'il y ait lieu de s'émouvoir de leurs inquiétudes.

Moi, je ne les partage pas, et d'autant moins que Wilbur Wright lui-même a dominé plusieurs fois de son vol les sapins du camp d'Auvours, et qu'il fut question à diverses reprises qu'il se laisse perdre de vue en sortant du camp. Wright n'a pas fait le premier voyage de ville à ville ; un Français à sa place l'eût fait depuis longtemps avec son instrument ; c'est une gloire qu'il a perdue et qu'il doit regretter, que je regretterais aussi à sa place ; ce sentiment bien humain a dû l'influencer tant soit peu.

****

On a tourné assez longtemps en rond ; l'heure est venue de la promenade, démonstration féconde qui convainc les foules, qui gagne à la bonne cause des adeptes, stimule les chercheurs, et instruit les praticiens. Ceux-ci n'ont-ils pas besoin de se préparer pour les courses de 1909 ?

On apprendra peut-être beaucoup encore à tourner en autodrome, mais cela ne suffit plus, ni pour perfectionner les machines, ni pour montrer au monde ce qu'il faut attendre de cette science d'où va naître une industrie.

Lorsque nous aurons des stabilisateurs, équilibreurs automatiques, ce qui peut venir bientôt, lorsque, de ce fait, et par suite des perfectionnements que la multiplicité des expériences ne manqueront pas d'apporter à ces appareils, la conduite se sera simplifiée, la manœuvre facilitée, lorsque, d'autre part, on volera plus vite, les effets des variations d'intensité ou de direction du vent seront bien amoindris.

Wright a peur maintenant de son œuvre : tel un alpiniste qui, parvenu sur un glacier par des prodiges d'adresse et de courage, est effrayé de sa propre témérité (1).

**

Les lecteurs de la *Revue du Touring-Club* me pardonneront, *tôt ou tard*, de leur parler aviation comme si voler était une pratique des plus communes. C'est pourquoi je me permets d'abuser de leur attention pour leur dire encore un mot des perturbations que l'aviation apportera ou n'apportera pas dans notre économie politique intérieure et extérieure.

La possibilité de passer par-dessus les limites de villes, de départements, par-dessus les frontières, sans qu'il existe de moyens de contrôle efficace des marchandises transportées par voie aérienne, a laissé espérer que les octrois et les douanes allaient disparaître du même coup ; et comme, de cette suppression des délimitations

---

(1) L'auteur de cet excellent article nous permettra sur ce point seulement une réserve. — Il n'est pas juste de dire que Wright a peur de son œuvre ; tout au plus a-t-il peur de la compromettre et il a raison. Regardons-la dans le passé ; elle est faite d'audace certes et de grand courage mais aussi de patience, de méthode, de fermeté d'âme. Le public est impatient, sceptique, incrédule, railleur ; depuis longtemps il presse les deux frères de se hâter et de se donner en spectacle plus encore que de travailler. Les deux frères refusent et les voilà qui, après des années d'obstination, malgré tous les doutes et les sarcasmes du public, s'imposent par des résultats. Wilbur Wright aurait-il parcouru cent kilomètres et volé pendant deux heures, au camp d'Auvours, dépassé la hauteur de cent mètres, emmené des passagers de toutes les tailles et de tous les poids s'il avait voulu se presser ? Je n'en sais rien. C'est son affaire. Il est meilleur juge que moi. J'admire Farman et Blériot qui ont bravé le risque, mais j'admire aussi Wright qui a bravé l'impatience facile de l'opinion.

E. C.

commerciales il n'y avait qu'un pas à la suppression complète des délimitations politiques, ce pas a été vite franchi ; on a entrevu comme conséquence de l'aviation, la paix universelle entre les peuples, l'âge d'or inespéré jusqu'ici.

C'est peut-être aller un peu loin dans les conclusions : un règlement d'administration intérieure peut fort bien obliger tout étranger à faire une déclaration à son arrivée concernant les marchandises introduites. La déclaration sera faite ou ne le sera pas, mais en matière de douane ou d'octroi, ceux qui sont pris en faute paient pour ceux qui ne le sont pas et paient très cher. Le procédé, pour n'être pas nouveau, n'en est pas moins bon ; c'est sans doute à lui qu'incombera l'honneur de sauvegarder les vieilles traditions de nos pères. Et alors..... toujours tracées les frontières, renvoyée aux calendes grecques la paix universelle.

Sans perdre notre temps à épiloguer sur ce sujet, examinons un point qui nous touche de plus près.

Le Touring-Club, si empressé à remplir son programme de *développement du tourisme sous toutes ses formes*, va-t-il bientôt avoir à donner de nouvelles preuves de son activité et de sa sollicitude pour les touristes ? Pensera-t-il bientôt aux nouveaux venus ?

Il ne peut rien faire pour le moment ; c'est bien évident ; nous ne savons même à quelle époque son intervention sera utile. Ce dont on est sûr, c'est qu'elle viendra sûrement et opportunément.

Le gîte nous est déjà préparé. On voit bien en effet tous nos camarades técéfistes, bénéficier comme par le passé de leur titre, lorsqu'ils acquitteront leurs notes de logis et de table, heureux comme maintenant d'avoir trouvé en un annuaire l'adresse des maisons qui les accueilleront en amis.

Les régions qu'ils visiteront seront peut-être parmi celles peu fréquentées de nos jours, mais le T. C. F. ayant acquis depuis longtemps. grâce à l'activité de son dévoué Président, le don d'ubiquité, il n'y aura rien de changé. Tout est prêt. La campagne pour l'hôtel propre et confortable porte ses fruits.

Il y a, par contre, les étapes à prévoir, la route à jalonner. Sur ce chapitre, laissons la paix à notre Comité, mais restons convaincus de ceci : nous verrons un jour au milieu de vastes forêts, de petites plages, toutes petites heureusement, déboisées — ô ironie ! — par les soins du Touring-Club, avec un petit ballonnet, ou un signal indicateur quelconque nous invitant à reposer là notre aile. A flanc de montagnes abruptes, le T. C. F. marquera son passage en nous déblayant un coin du roc, en nous donnant un perchoir et à côté une table d'orientation.

Nous verrons tout cela.

Quel sera le jalonnement de la route ? Pour le savoir, attendons patiemment, car on ne sait ni quelle sera la route, ni s'il y aura des routes. A côté de la ligne droite, qui passe partout, il se peut que viennent s'affirmer des routes classiques, au-dessus des fleuves, dans les vallées, ou suivant un tracé que seule la connaissance des vents et de leurs effets nous déterminera. Certains fonds seront peut-être aussi dangereux aux « volateurs » que le Cap des Tempêtes aux navigateurs.

Entre les deux navigations, soit dit en passant, il existera bien des points communs, surtout si la machine reste tant soit peu dépendante du terrain pour son envol et son atterrissage. Le Touring-Club n'aura pas trop de ses délégués pour veiller à l'installation de relais qui seront nos ports d'attache. Il est en effet à présumer, malgré l'expérience retentissante de Blériot, que l'aviation sera devenue mode de transport avant d'être affranchie complètement du terrain.

On ne peut se lancer dans toute nature de sol. Pour mettre plus de chances de son côté, on munit donc la machine de roues assez grandes qui la chargent, l'encombrent, font résistance à l'avancement, sont peu esthétiques. A cette sujétion, il est, somme toute, préférable d'en substituer une autre, celle de se lancer sur rail.

Qu'est-ce qu'un rail de dix ou quinze mètres à installer ? Moins que rien ; mais pour faire installer des rails, il est naturel qu'on attende qu'il y ait des aéroplanes destinés à s'en servir, car il en faudrait un certain nombre en France, un près de chaque commune, par exemple.

Espérons qu'on n'attendra pas pour faire des aéroplanes en série qu'il y ait des rails pour les lancer, sans quoi la question, enfermée dans un cercle vicieux, risquerait d'avancer bien lentement.

Cependant un pareil conflit de circonstances peut paralyser toute une industrie naissante ; et ceci donne en apparence raison à ceux qui voient les aéroplanes emprunter tout d'abord notre réseau routier.

Pour ma part, j'estime que ce mode d'envisager l'avenir n'est pas sérieux et qu'il serait dangereux ; laissons les routes aux cycles, autos, aux véhicules de transports hippomobiles, et prenons l'immensité pour nous.

Imaginez-vous deux aéroplanes ayant à se croiser au-dessus d'une voiture de déménagement, quand les arbres bordant la route ont toute leur frondaison ? Où passeront-ils, on se le demande.

Autographes d'aéronautes, aviateurs et promoteurs. (Janvier 1909).

Gabriel Voisin Wilbur Wright Charles Voisin Cliché de la « Revue de l'Aviation »
Delagrange H. Farman L. Blériot R. Esnault-Pelterie
De Pischoff Capitaine Ferber Santos-Dumont Goupy Paul Zens
Ernest Zens Menuin R. Gastambide Henri Kapferer

Il y a bien une solution radicale qui consiste à trancher tous les arbres qui font la joie de nos routes, mais alors, c'est M. Ballif qui ne serait pas content.

Pol RAVIGNEAUX.

EN 1912

—Cette année, mon fils, l'Hiver sera précoce, car voici la deuxième bande de riches que je vois s'envoler vers le sud

(Life, New-York)

Impressions
de voyages aériens

1º En ballon sphérique et en dirigeable

D'autres ont dit le charme du ballon libre, du vieux ballon sphérique que nous donna, il y a plus d'un siècle, le génie de Montgolfier. Tous ceux qui ont une fois mis le pied dans la frêle nacelle et se sont laissés emporter par la bulle de soie ont été touchés de la grâce et sont redescendus sur terre, gardant la nostalgie de l'escapade aérienne.

Beaucoup ne sont jamais montés en ballon, par peur de dangers imaginaires, par crainte d'un vertige, pourtant inexistant, pour les aéronautes, par ignorance des joies qui les attendent, par manque d'occasion, etc.

Bien rares sont ceux qui étant montés une fois, n'ont pas recommencé.

Comment dire le calme plaisir éprouvé dès que le ballon s'est détaché du sol sur lequel nous rampons, dont, presque en aveugles, nous palpons péniblement toutes les sinuosités, très fiers cependant d'avoir avec nos chemins de fer, nos autos, perfectionné les moyens de locomotion de la chenille.

Alors c'est l'éblouissement d'un paysage dont la grandeur se développe à mesure que la bulle s'élève.

Ce sont d'abord les maisons voisines que l'on embrasse d'un seul coup d'œil, c'est bientôt la ville toute entière avec ses petites fourmis humaines qui s'empressent dans les rues. Ce sont les forêts et les champs des environs, puis les collines et les fleuves jusqu'à l'horizon qui s'élève sans cesse formant les bords de la cuvette grandiose dont l'aéronaute est le centre.

Pour lui l'humanité s'estompe peu à peu, les soucis, les chagrins, les vaines préoccupations humaines se dissolvent : irradié de lumière, baigné de silence, dans un calme absolu qui n'existe que pour lui, délicieusement il glisse sous l'aile du vent.

Hélas, la réalité nous reprend bientôt de sa main rude. Des secousses à nous qui glissons, des voix, des propos discordants à nous qui rêvions, du vent, de l'agitation, des préoccupations à nous qui commencions déjà à tout oublier dans ce divin Nirvana. Il faut reprendre contact avec la terre, avec la vie, jusqu'à la prochaine évasion.

Si tous les voyages aériens nous laissent un souvenir charmant, il en est qui sont inoubliables. Ce sont ceux où le hasard du vent nous a poussés au-dessus de régions particulièrement intéressantes, au-dessus de grandes villes, de vieux châteaux, de vallées aux rivières sinueuses se jouant parmi les collines et les montagnes.

Nous nous souvenons d'une ascension en sphérique, de Verdun à Fumay par les méandres de la Meuse, au-dessus des Ardennes sauvages aux mille vallées, qui fut une féérie. Comment recommencer jamais pareille promenade ? Il faudrait un miracle pour être ramené par un même vent dans les mêmes régions ?

Départ d'un Cerf-volant, type Cody,
à bord d'un contre-torpilleur.

Enlèvement de l'appareil photographique
remorqué par le cerf-volant.

L'appareil remorqué le long du câble

Retour de l'appareil

Comment régler les caprices du vent ? Comment calmer son ardeur alors qu'on voudrait ralentir sa course pour contempler plus longuement un site captivant, comment le ranimer au contraire lorsqu'il cesse de souffler et laisse de longues heures le ballon immobile au-dessus de champs sans intérêt.

Comment changer son cours lorsqu'il vous entraîne là où on ne désire pas aller, comment l'obliger à nous mener où nous voulons ?

C'est le rêve chimérique que fait souvent l'aéronaute ! Quelle bonne fée pourrait le réaliser et comme le sport aérien deviendrait alors parfait.

Cette fée, elle existe, ce rêve n'est plus une chimère, mais une réalité. Le moteur à pétrole a réalisé ces miracles: la direction des ballons, la possibilité du vol mécanique.

Le moteur à pétrole, merveille des merveilles, qui anime les rapides automobiles, donne aussi des ailes à l'oiseau humain. Point de chaudière volumineuse et lourde, de combustible encombrant et incommode, le moteur à pétrole, puissant et léger, robuste et petit se nourrit de quelques gouttes de pétrole.

Grâce à ce miraculeux élixir de force, grâce au pétrole, le dirigeable va se glisser dans l'atmosphère à la vitesse de 50 à 60 kilomètres à l'heure, emportant ses 15 à 20 passagers pendant des 15 heures consécutives. De ville en ville, il s'en ira, jusqu'à des distances dépassant 500 kilomètres. Il se repose une nuit dans son port, dans le hangar que chaque ville va bientôt posséder. Il va avec aisance et sécurité absolue sillonner la France. Il permettra au touriste de naviguer dans l'océan sans pareil qui est au-dessus de nous, en admirant sous ses pieds un paysage qui se déroule sans fin ;

37

il le conduira dans les vallées montagneuses, au pied des glaciers inaccessibles, il lui fera suivre les falaises maritimes, traversant les lacs, les fleuves, et les vallées se jouant des obstacles et narguant les mauvaises routes.

Déjà des Sociétés se forment pour le transport des voyageurs aériens ; ce n'est plus de l'avenir qu'il est question, mais du présent. 1909 va voir cette chose extraordinaire ; le transaérien voguer au-dessus de Paris et tous les dimanches des dirigeables s'en iront vers Fontainebleau et Versailles aussi facilement que le font les automobiles actuelles. La sécurité en dirigeable est maintenant complète : les plus timorés vont pouvoir en toute confiance goûter le charme de la locomotion céleste.

Et, surenchérissant sur les belles promesses que le dirigeable est dès à présent prêt à tenir, l'aéroplane va se perfectionner rapidement et nous apporter la solution parfaite, la solution simple de la locomotion aérienne. Il quittera bien vite le sport pour entrer dans le domaine pratique. Déjà cette année va voir les traversées de la Manche, au moyen d'appareils montés par 2 voyageurs et plus. Et cette traversée maritime aérienne frappera plus les esprits que tous les voyages au-dessus du continent.

Nous pouvons prévoir qu'avant peu ce mode de traversée fera concurrence au bateau. Mais à quoi bon prophétiser, en pareille matière, quand de tous côtés le génie humain s'attaque à ce passionnant problème ! La réalité se chargera bien vite, j'en suis sûr, de prouver aux plus enthousiastes qu'ils ont été encore trop timides dans leurs plus larges espoirs.

H. KAPFERER.

Paris, Janvier 1909.

2° En aéroplane

A. — Aéroplane de Wright

L'homme sait aujourd'hui voler, puisqu'il existe un homme qui sait voler.

Cet homme, son visage est déjà populaire ; mais ce que ne traduisent ni les caricatures ni les portraits, ce sont ses yeux et un regard qui a quelque chose, en même temps, d'indomptable et de candide.

Il lui a fallu, en effet, une volonté et une foi invincibles, un effort obstiné et quotidien de dix années, pour vaincre les caprices, les défaillances, les périls du fluide impalpable, fuyant, élastique, qui nous enveloppe. Si l'onde est perfide, de quelles trahisons l'air n'est-il point capable ?

Les anciens vantaient la hardiesse des premiers navigateurs, qu'auraient-ils dit de ces nouveaux navigateurs qui doivent emprunter à un corps mille fois plus léger qu'eux-mêmes à la fois leur point d'appui, leur équilibre et leur vitesse ?

L'instrument qui accomplit cette merveille est si léger et si souple, son apparence si fragile qu'on le prendrait pour un jouet d'enfant agrandi. Et cependant on se livre à lui avec une sécurité absolue, tant on le devine parfaitement adapté aux efforts utiles qu'il doit subir, et propre à employer, en s'y pliant, sans jamais les contrarier brutalement, toutes les ressources mécaniques de l'air.

Le sapin d'Amérique, si remarquablement résistant, a

donné là sa mesure sous la main ingénieuse de l'aviateur, dont l'art manuel a quelque chose de l'inlassable patience chinoise.

Le signal est donné : nous voilà lancés dans l'espace. Sensation de délices et de vertige. Il semble qu'on perd son poids en quelques secondes ; suivant la pittoresque expression de M. Deutsch, on se croirait un oiseau qui s'envole avec sa cage. Mais, d'un geste malencontreux, en rattrapant ma casquette qui s'envole, je coupe l'allumage. L'appareil atterrit doucement et le vol s'arrête à peine commencé.

Nous voici repartis : nous volons, nous volons ; nous tournons une fois, deux fois, vingt-neuf fois autour du vaste camp. Avec deux petits leviers, sans effort Wright vire, incline son aéroplane, le redresse, s'élève, redescend en se jouant. Les fils de commande, si délicats, sont les prolongements des nerfs du pilote. Il sent l'air avec ses toiles comme l'oiseau avec ses ailes : la stabilité est complète, sans vibrations. A peine un faible tangage régulier, que réprime sans cesse une légère manœuvre de la main gauche. Un remous nous prend à un virage. Wright ramène son appareil comme un cheval qui fait un écart, et je comprends, aux applaudissements d'en bas, qu'il vient d'accomplir quelque chose d'émouvant, mais je m'en doutais à peine. Nous tournons, nous tournons, mais ce n'est plus sur le camp d'Auvours que nous planons dans la nuit grandissante, c'est sur la face indéfinie de la terre, dominée, conquise par le grand oiseau.

Wright a battu son record : il a volé une heure neuf minutes quarante-cinq secondes, parcouru plus de soixante-dix kilomètres. Il s'est arrêté parce que cela lui a plu. Il avait emporté avec moi quarante-cinq litres d'essence : de quoi voler deux heures encore.

Les manœuvres de Langres en 1906. (Vue prise en ballon captif).

La conquête de l'air est maintenant accomplie. Demain, sur des appareils plus grandioses, des moteurs sûrs et puissants, affranchis des restrictions de poids, enlèveront à toute autre vitesse des fardeaux autrement lourds. Le plus grand défi que la nature avait porté à l'homme est enfin relevé.

Paul PAINLEVÉ,

(de l'Académie des Sciences).

(11 octobre 1908.)

B. — Aéroplane Voisin

Tout d'abord, j'étais un peu ému, et cela peut se concevoir. Si, à brûle-pourpoint, on vous disait : « Montez dans cet aéroplane, partez franchement ; les obstacles naturels et ceux dressés par la main de l'homme ne sont rien lorsque vous évoluez dans le calme de la nature », vous hésiteriez peut-être. On ne sait pas ce qui peut arriver, et j'avoue que le départ de ce premier voyage m'avait quelque peu impressionné.

« Comment, me disais-je, au bout de quelques minutes que je me trouvais isolé dans l'atmosphère — ne comptant que sur la stabilité de l'appareil et sur la régularité du moteur — comment vais-je faire lorsque je vais me trouver au-dessus des grands peupliers que je vois tout là-bas, dans la direction de Mourmelon-le-Petit ? A présent, cela va très bien. La terre est plate et la nature s'est comportée vis-à-vis de moi d'agréable façon. »

Et tandis que je fais ces réflexions, les peupliers grandissent de façon surprenante ; les corbeaux, qui tenaient une assemblée criarde, s'enfuient épouvantés à mon approche. Ah ? ces peupliers de trente mètres ! Fallait-il les passer à droite ou à gauche ? Mon indécision est de courte durée, car je suis à peine à cinquante mètres du vaste et haut bosquet. Ma foi, tant pis, un coup d'équilibreur, et l'appareil s'élève rapidement et passe cependant que, d'un œil inquiet, je regarde au-dessous de moi si les cimes ne seront pas frôlées. Ça va bien : allons, tant mieux !

Ma tranquillité est cependant de courte durée. Voici le moulin de Mourmelon, et Mourmelon lui-même. « Bah ! pensais-je, on ne meurt qu'une fois ! » Le moulin, le village, le chemin de fer, je passe au-dessus.

Ça été le point le plus critique de mon voyage. Je surveillais le vent, ce vent qui tourbillonne au-dessus des grands arbres, qui vous abat lorsque vous passez au-dessus des petit bois, qui vous attire vers le ciel quand vous franchissez des routes en des terrains plats, ce vent sournois et traître m'émeut parfois. Mais l'appareil ne bronche pas un seul instant.

Enfin, on ne se rend pas bien compte de la hauteur. On m'a dit que je planais à cinquante mètres, c'est peut-être vrai, car je m'élevais le plus haut possible pour que les peupliers ne me cueillent pas au passage.

Toutefois, l'attention que j'ai dû prêter à la direction de l'appareil, à écouter le moteur dont les « ratés » m'inquiétaient de temps en temps, à entendre le ronflement de l'hélice, tout cela mis à part, j'ai goûté la plus belle joie de ma vie : le charme de planer au-dessus de mes semblables, cependant que les paysans s'enfuyaient par bandes, que, de toutes parts, accouraient des gens qui semblaient petits, petits ; que le chemin de fer fumant et crachant suivait sa ligne uniforme, et que les autos disparaissaient sous des flots de poussière. A ce moment, je me trouvais dans un air pur, caressé d'une brise douce, et le soleil éclairait la route limpide et sereine.

Henri FARMAN

30 octobre 1908.

C. — **Aéroplane Blériot**

Ma promenade en Beauce

J'ai éprouvé une bien grande joie en accomplissant ce vol, que je désirais depuis longtemps tenter, l'expérience a parfaitement réussi. M'affranchir des champs exigus de manœuvre où l'espace manque, où l'essor est paralysé, où d'inexorables barrières enserrent le vol, telle était jusqu'à présent ma grande préoccupation.

J'ai pu enfin me lancer dans l'azur, en plein ciel, avec devant mes yeux, la route aérienne et fluide, par-dessus la plaine baignée de rayons... Au fur et à mesure que je m'élevais, je voyais, non sans émotion, les champs se rapetisser, le paysage s'estomper, fuir avec les maisons minuscules, qui avaient l'air de jouets d'enfant.

Les routes, les talus, les arbres, les fossés, tout galopait sous moi dans une fantasmagorie de songe. Je côtoyais les villages aux blancs clochers, les fermes riant au soleil. Des laboureurs me regardaient, avec, dans les yeux, une stupéfaction soudaine, le geste interrompu, la face ébahie.

Ce qui me frappa le plus, ce fut la quantité de gibier que je trouvai sur ma route. Je suis chasseur et je fus étonné du spectacle qui se déroulait autour de moi. Des lièvres se sauvaient dans les futaies; des vols de perdreaux s'effaraient devant mon appareil dans une fuite éperdue. Je passai au-dessus de pacifiques troupeaux de moutons. Je fus émerveillé, en dominant un tel décor, de poursuivre sans encombre cette route idéale.

Quel temps superbe! Pas le moindre souffle, l'atmosphère calme bruissait, légère, à travers les grandes ailes déployées, La manœuvre de mon appareil ne nécessitait aucun effort. Je volais librement, doucement, avec une extraordinaire facilité. Je m'étais tracé une route sur la carte et je la suivais avec une parfaite exactitude, sans dévier un instant de la ligne voulue.

Je n'avais pas le temps de m'occuper de ce qui se passait à mes pieds; le paysage courait toujours dans la vive lumière. J'avais l'exacte sensation d'être l'esclave de mon moteur. J'écoutais avec une appréhension secrète ses réguliers battements; il battait comme le cœur de la vivante machine. Ah! si jamais ce cœur s'arrêtait!

L'atterrissage s'effectua sur ces admirables champs de Beauce, à la terre parfumée... Il fut excessivement doux. Je volais à quatre-vingts à l'heure et l'appareil roula sur les sillons, sans s'enfoncer, comme sur un tapis.

Oui, ce fut pour moi une inoubliable fête qui restera gravée dans mon cœur en un impérissable souvenir! Sentir autour de soi le frémissement mystérieux de l'élément dompté; dominer les êtres et les choses, lancé

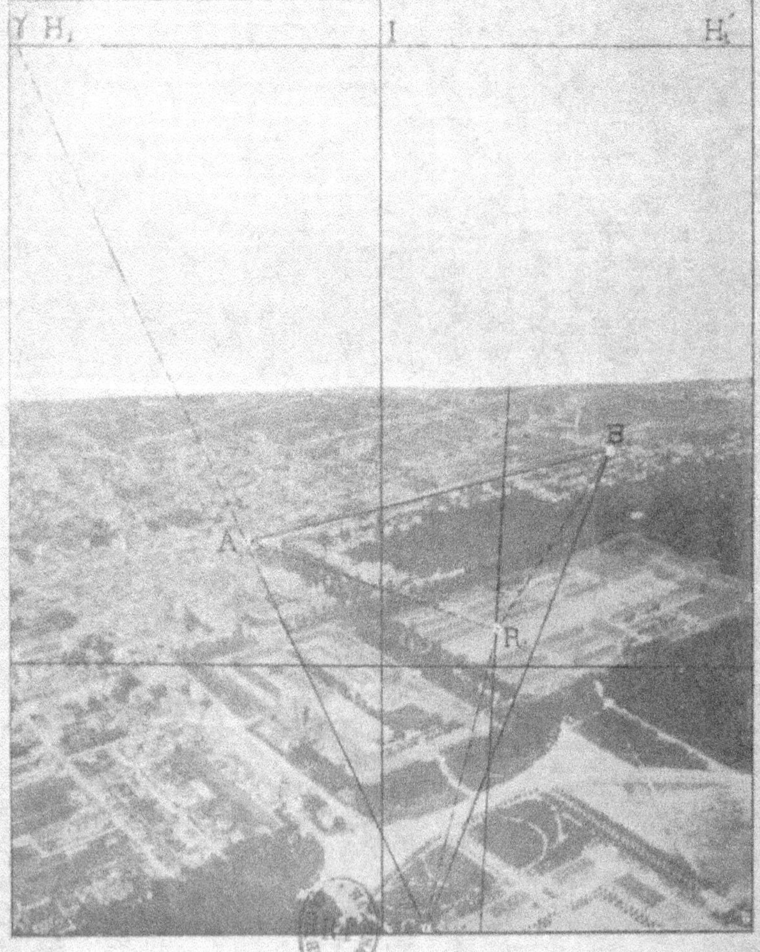

DONJON DE VINCENNES

Vue prise en ballon libre à 759 mètres. (Cne Saconney).

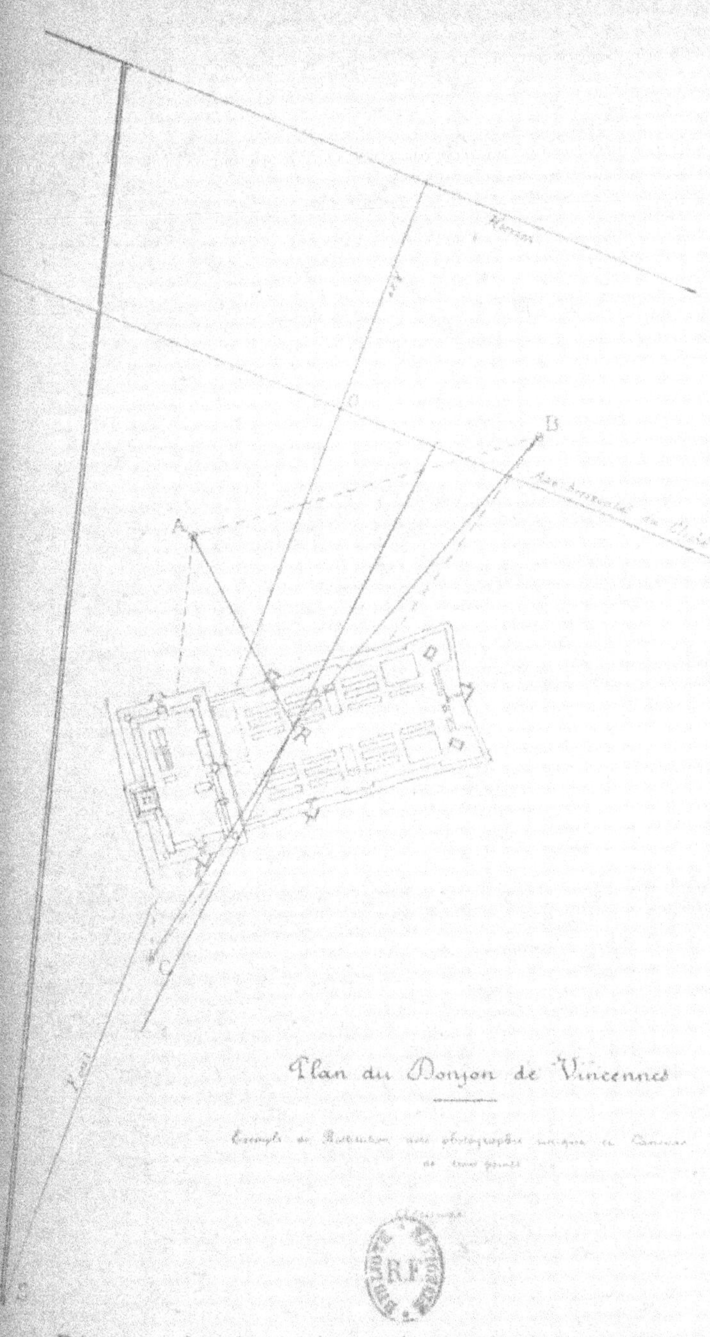

Démonstration des services de la photographie aérienne.

comme une flèche dans la lumière : oui, c'est une sensation profonde et délicieuse ! Les hommes s'orientent aujourd'hui vers une vie nouvelle. Librement, ils franchiront les libres espaces ; ils auront raison des obstacles terrestres ; ils vivront la vie merveilleuse et sublime des oiseaux. La conquête de l'air ? Ce rêve — le plus beau — qui, depuis Icare, hanta le cœur des hommes, est aujourd'hui une réalité.

Louis BLÉRIOT

31 Octobre 1908.

Le premier Salon

de l'Aéronautique

Rassemblement de troupes (Vue prise en ballon captif, 10 Août 1907).

Le premier Salon

de l'Aéronautique

du 24 au 30 Décembre 1908

Avoir prévu que l'industrie aéronautique se
développerait par les mêmes moyens utilisés
auparavant par l'industrie de l'automobile,
avoir fait campagne dans ce but, avoir indiqué
la voie pratique d'expérimentation et tout à
coup voir réalisée la première étape de ce qui
était pour la foule utopie ou rêverie; cette
constatation provoquait le mercredi 24 décembre 1908 des sentiments de joie intense
dans l'âme du tout petit nombre de personnes
aveuglées jadis par l'évidence, qui avaient
voulu cette évolution et espéré assister au
premier salon de l'Aéronautique au Grand
Palais.

Né hâtivement, à la suite d'une heureuse
émulation entre l'Automobile-Club et l'Aéro-
Club, ce premier salon, dès qu'on eut obtenu

l'adhésion des principaux aviateurs, devait être un grand succès et assurer la réussite de l'exposition d'automobiles dite des « poids lourds » à laquelle on joignait par un contraste fortuit l'exposition des légers appareils aériens.

Malgré cette hâte, le groupement bien étagé des principaux engins se trouvait très harmonieusement composé et témoignait du talent d'organisation de M. Rives, commissaire général du Salon.

Dès l'ouverture des portes, la foule compacte venait sanctionner un succès, que les organisateurs eux-mêmes n'avaient pas prévu si grand et qui prouvait combien l'idée aérienne, poussée par une minorité, avait fait de chemin dans l'esprit de la masse.

Cette foule déjà éduquée par les journaux, les revues et les conférences, était plus qu'une foule étrangère capable de faire les différences de principes. Elle allait autour des appareils, poussée par une curiosité intense, et sentait confusément qu'elle assistait à l'aurore d'un nouvel état de choses.

Elle constatait avec satisfaction qu'une industrie nouvelle était née et elle était fière de penser que la France était encore une fois, grâce à la vivacité et l'intelligence d'une élite, le creuset nécessaire où s'élaborait, avec la collaboration d'hommes éminents de tous les pays, la réalisation pratique d'une invention géniale.

Beaucoup d'étrangers aussi circulaient entre les stands; — ce n'étaient pas encore les oisifs attirés par une attraction nouvelle — c'étaient des ingénieurs et des officiers, pour la plupart, qui venaient sérieusement, le crayon à la main, modifier, au contact de notre avance, leurs idées de machines volantes trop compliquées pour voler et leurs conceptions trop anciennes de l'aéronautique.

Nous en avons vus de stupéfaits, nous en avons vus de convaincus, nous en avons vus venir de si loin que le voyage ayant pris tout leur temps, les a empêchés de tout voir. Ils porteront la bonne manière de faire dans leurs pays. Cette conséquence semble un danger pour nos industriels; mais elle est pour la France d'une importance morale et économique énorme, en augmentant encore la bonne publicité qu'avaient faite dans l'esprit des peuples étrangers, l'organisation et le développement de notre industrie automobile.

En entrant dans le Grand Palais, les yeux se portaient tout d'abord sur un ballon dirigeable « la Ville de Bordeaux » exposé par la Société Astra et bâti sur le principe de « la Ville de Paris » aujourd'hui militarisé et employé à Verdun.

A gauche et à droite dans la grande nef, deux ballons sphériques, avec leurs accessoires provenant de la même Société, montraient aux promeneurs des spécimens du premier moyen imaginé pour la conquête de l'air; mais le public passait rapidement, attiré par l'attrait des choses plus nouvelles.

Dans la nef centrale, sur un piédestal à une place d'honneur, hommage au grand effort fait il y a plus de onze ans, se trouvait l'avion d'Ader qui fut pour l'époque une merveille de construction et qui, monté par son constructeur, s'est soulevé du sol.

Au-dessus attaché par un filin, était suspendu « la Demoiselle » de Santos-Dumont. Ce n'était pas l'aéroplane avec lequel l'intrépide sportsman a le premier dans le monde fait contrôler, en octobre 1906, un parcours de 25 mètres en vol libre, c'est un appareil beaucoup plus rationnel qui a fonctionné en novembre 1907 et qui est en expérience en ce moment.

Plus loin et à droite on trouvait le stand de la Société d'encouragement à l'Aviation qui contenait l'aéroplane Delagrange (Voisin frères constructeurs ; moteur Antoinette). Cette société, présidée par M. Dussaud, a eu l'idée très intéressante d'établir à Juvisy un aérodrome où se courront des courses et où les aviateurs pourront venir s'exercer.

A gauche l'aéroplane Robert-Esnault Pelterie ou R E P moteur *idem*.

C'est un type monoplan très intéressant qui vient de gagner un prix de 200 mètres de l'Aéro-Club.

Plus loin, l'aéroplane Blériot n° 9 semblable à celui qui a fait le deuxième voyage aérien de Toury à Artenay et retour. M. Blériot expose encore un grand biplan à 4 places qui n'a pas encore été essayé et un monoplan du même modèle que le premier, mais plus petit et plus rapide.

En face du stand Blériot, l'aéroplane Wright construit par le Société des Chantiers de France avec un moteur Barriquand et Marre. C'est le premier d'une série qui est mise en vente par une Société formée par M. Lazare Weiller, qui a acheté les brevets Wright. Le public entoure avec respect cette reproduction d'un appareil, qui possède tous les records à une et deux personnes et qui encore le 31 décembre dernier s'est adjugé la coupe Michelin en restant dans les airs 2 h. 20 m. et en portant le record à 120 kilomètres !

Ce résultat semble un prodige et les yeux de tous regardent avidement dans le but d'en découvrir la cause. Mais ils ne découvrent rien, parce que la cause de la réussite n'est pas là. Elle réside tout entière dans ce fait que les frères Wright ont pu, tout seuls, concevoir, exécuter dans toutes ses parties, essayer et corriger successivement leur aéroplane depuis l'année 1900. Ces trois qualités dispensaient de la nécessité d'avoir des capitaux. De plus les frères Wright sont partis sur l'idée simple de l'aéroplane ; ils ne se sont jamais trompés sur les corrections à faire et ils sont doués de l'esprit de simplification mécanique, qui est si rare.

Sous l'escalier enfin et suspendu se balançait le nouvel aéroplane Antoinette qui est une merveille de fini dans la construction.

Cet aéroplane termine ses essais en ce moment, il a déjà plusieurs fois parcouru toutes les lignes droites du terrain d'Issy-les-Moulineaux et son pilote s'entraîne aux virages.

Au-dessus, au sommet de l'escalier d'honneur, se dressait en apothéose l'aéroplane Farman, construit, dessiné par les frères Voisin et muni du moteur Antoinette. C'est Farman qui, après Santos-Dumont, a donné la seconde preuve de la possibilité du vol mécanique en accomplissant, le 13 janvier 1908, un parcours d'un kilomètre en circuit fermé, avec retour au point de départ, gagnant ainsi le prix Deutsch-Archdeacon, offert par les deux mécènes de l'aéronautique. Il a aussi le grand mérite du premier voyage aérien de Châlons à Reims.

Plus loin, sous la coupole d'Antin, était exposé un aéroplane commandé par la maison Bayard-Clément à M. Tatin, le doyen des aviateurs français. Cet aéroplane n'est pas encore achevé, il est muni d'un moteur imaginé par M. Clerget.

A côté de lui et seul représentant de la famille des hélicoptères se trouvait le gyroplane de MM. Breguet et Richet (moteur Antoinette). Ce gyroplane, dans le courant de 1907, s'est soulevé à plusieurs reprises en portant un passager.

Pour trouver des représentants de la classe des ornithoptères, il fallait visiter les galeries latérales qui contenaient les modèles exposés par une quantité de petits inventeurs. Rien de saillant ne s'y laissait d'ailleurs révèler. L'intérêt était tout entier dans les grands appareils ayant volé et qui formaient dès l'entrée un groupe compact.

Les sociétés d'encouragement comme l'Aéro-Club de France, la Ligue aérienne avaient aussi leurs stands et surexcitaient l'enthousiasme du public.

Aussi n'était-il pas rare d'entendre cette réflexion : « Puisqu'on a fait tant de progrès en un an, que ne fera-t-on l'an prochain ! » Il faut se garder d'une généralisation hâtive, le progrès ne s'est pas fait en un an, — il était fait ; mais le public ne s'en est aperçu que depuis un an. En particulier la machine de Wright était depuis trois ans enfermée dans une caisse où elle attendait un acheteur, qui ne voulait pas se présenter. Tout dépendra en effet des acheteurs ; s'il s'en présente seulement quelques-uns, les nombreux prix en compétition aujourd'hui pourront être courus et les constructeurs récompensés pourront réaliser des progrès.

Malgré la quantité des indécis qui achèteront lorsque tout sera au point, on trouvera des hommes avides de gloire et aimant le sport qui donneront à l'aviation une impulsion nouvelle. Cette impulsion s'est d'ailleurs produite, il y a quinze ans, pour l'automobile naissante, elle se produira pour l'aéroplane et elle est nécessaire pour conserver au pays cette bonne réputation de génie dans l'organisation d'une nouvelle industrie dont nous sommes fiers.

Capitaine FERBER.

Le premier Salon de l'Aéronautique (Décembre 1908)

(Cliché de l'Illustration).

Conclusion

L'Organisation

Ce livre serait bien incomplet s'il ne se terminait pas par un aperçu général des mesures à prendre pour mettre le plus rapidement et le mieux possible en œuvre les résultats acquis.

Plus la victoire est considérable, plus il importe d'en tirer toutes ses conséquences. Ce n'est pas en vain que l'opinion et les Pouvoirs Publics auront manifesté leur complet accord en faveur de la locomotion aérienne ; à la période de l'enthousiasme doit succéder celle de l'organisation. Coordonner la multitude des efforts qui vont se prodiguer désormais au service de la science nouvelle, dans tous les pays, faire en sorte que ces efforts s'appuient les uns sur les autres et tous ensemble sur les conquêtes du passé, au lieu de se répéter indéfiniment ou de se contrarier ; réaliser, en un mot, sans perte de temps et sans sacrifices inutiles, les promesses de l'avenir, tel est maintenant le devoir qui s'impose aux Gouvernements et à quiconque peut influer sur la marche générale du progrès.

Les aviateurs ont été servis jusqu'à présent par leur audace, leur patience, leur génie ; il appartient désormais aux Pouvoirs Publics de leur faciliter et, au besoin, de leur indiquer la méthode qui développera leurs inventions.

Notre ami P. Painlevé, au lendemain de la belle manifestation organisée avec lui et M. le Commandant Bouttieaux, à la Chambre des Députés, le 17 de ce mois, a tracé dans les pages qui suivent les grandes lignes de cette méthode.

Ce sera notre conclusion.

E. C.

Paris, 25 Février 1909.

Les exploits des aviateurs ont provoqué, en ces derniers mois, dans tous les pays, dans tous les milieux, un enthousiasme dont il est peu d'exemples. Sur la face de la planète, la foule, avec son obscure intuition des grandes choses, a compris que c'était là un triomphe de la race. Mais cet enthousiasme risquerait d'être dangereux s'il devait faire oublier les obstacles qu'il faut encore surmonter.

La bataille décisive est gagnée : il reste à l'homme à organiser sa victoire. Pour répéter, en la modifiant un peu, une formule célèbre : l'ère des impossibilités est close, celle des difficultés commence.

Cette foudroyante succession de records qu'a enregistrés l'an 1908, cette floraison d'appareils à l'exposition du Grand Palais, tout cela fut si brusque qu'on serait presque tenté de voir là un phénomène de génération spontanée. En réalité, ce fut l'aboutissement d'un demi-siècle d'efforts acharnés, isolés, anarchiques. Veut-on persévérer dans la même méthode ? Si oui, la mise au point de la découverte sera plus longue et plus pénible que la découverte elle-même.

Pour que l'aéroplane cesse d'être un curieux instrument de sport et devienne capable de jouer le rôle social que lui réserve l'avenir, il faut, avant tout, que sa sécurité soit presque automatique. Un appareil plus rapide que le Wright et plus souple encore, animé par un moteur plus sûr, et surtout stabilisé par des procédés subtils et délicats qui n'entrent en jeu qu'au moment opportun, sans accroître les résistances, voilà le type qui pourrait devenir usuel. Mais les tàtonnements et les connaissances accumulées qu'exigeront sa réussite sont si prodigieusement compliqués qu'ils surpassent l'initiative individuelle.

Un industriel, un inventeur consentiront certains sacrifices pour tenter un perfectionnement nouveau. Ils se décourageront avant de l'avoir mené à terme, et leurs essais isolés ne serviront à personne. Au milieu des mille causes d'échec qu'il faut éviter et que notre ignorance actuelle ne nous permet pas de prévoir, la chance qu'ils ont d'atteindre le but est à peu près la même que celle d'abattre une alouette en tirant un coup de fusil au hasard, les yeux fermés.

Il est vrai que c'est par de tels tàtonnements, plus aveugles encore, que s'est réalisée l'évolution des espèces, notamment celle de l'oiseau. Mais elle a compté, cette évolution, par centaines de milliers d'années. L'industrie moderne est plus pressée.

Pour éviter une période de stagnation

et peut-être de découragement, il faut créer un laboratoire central d'aviation.

Il ne s'agit pas d'un laboratoire de science pédante, ni d'expériences de chambre. La méthode des créateurs de l'aviation peut nous servir de modèle, à condition de l'amplifier. Le laboratoire des Wright, des Voisin (pour ne point parler de leurs rivaux) ce furent les grandes dunes désolées de Ketty-Hawk et de Berck, balayées par le vent puissant de la mer. Avec des ressources modiques, grâce à la continuité et à la constance de leurs efforts, ils ont réalisé deux types provisoires d'aéroplanes, bien équilibrés. Voilà l'œuvre qu'il importe de poursuivre, mais avec des ressources centuplées. Un puissant outillage de mesures, un aérodrome, un large budget annuel seront indispensables au futur laboratoire. C'est là qu'un groupe d'ingénieurs, savants et désintéressés, pourraient, pendant plusieurs années, poursuivre d'après un vaste plan d'ensemble, une série d'expériences, à la fois industrielles et scientifiques, sur tous les problèmes simultanés que soulève l'aviation : voilure, moteur, hélice, fuselage, etc.

Un tel laboratoire devrait être appuyé d'un enseignement technique et d'un enseignement pratique. Alors qu'en Allemagne chaque grande université possède aujourd'hui une chaire d'aviation, il n'en existe aucune en France, même à Paris : grave lacune qu'il faut combler au plus vite.

Quant à l'enseignement pratique, sa tâche principale doit être de former des pilotes ; et c'est ce que tente déjà, malgré de lourdes difficultés, la Ligue Aérienne. Point d'aviateurs, point d'aviation. Il faut donner carrière à l'enthousiasme et à la bonne volonté des jeunes générations qui veulent oublier la frayeur atavique du plus lourd que l'air. Je sais bien que certains industriels prisent peu un tel enseignement. Ils déclarent qu'ils formeront eux-mêmes des pilotes, au fur à mesure des besoins de l'industrie. Mais, précisément, leur industrie ne se développera que si, grâce au nombre des pilotes déjà formés, la confiance dans l'aéroplane est devenue générale. En outre (et cette raison est la plus importante), c'est dans cette armée de pilotes que se recruteront par un jeu de sélection naturelle, les futurs généraux de l'aviation, ceux qui lui feront accomplir les progrès décisifs. Or les qualités fort diverses que devront posséder ces futurs inventeurs sont rares, et surtout rarement réunies : il faudra beaucoup d'appelés pour que quelques élus se manifestent.

Ainsi donc, un laboratoire central, un enseignement théorique et un enseignement pratique d'aviation, voilà la triple institution dont la création immédiate s'impose. Il importe qu'elle soit patronnée et subventionnée par l'Etat, mais il n'est pas désirable que l'Etat en soit le maître. Il vaut beaucoup mieux que son budget soit alimenté par des industriels d'avant-garde, par les initiateurs et les mécènes de la locomotion aérienne : ils seront mieux à même ainsi de surveiller et de stimuler l'activité d'un établissement qui leur devra son existence. Ils l'empêcheront de s'aventurer dans des recherches trop théoriques, dont le bénéfice serait trop éloigné.

Ce n'est pas aujourd'hui le moment de tracer le plan complet d'une telle institution, mais il faut espérer que les bonnes volontés sauront bientôt s'unir pour le transformer en réalité.

Est-il nécessaire de rappeler le rôle glorieux et presque exclusif qu'a joué la France dans la conquête de l'air? C'est en France que le sphérique est né, et tous ses perfectionnements sont le fait d'un général de la Révolution, Meusnier. Le dirigeable est l'œuvre intégrale du colonel Renard. Le premier aéroplane en miniature qui ait volé fut réalisé, il y a trente ans, par un Français, Penaud, dont les travaux théoriques reçoivent aujourd'hui une éclatante confirmation. Faut-il redire l'expérience d'Ader, où pour la première fois un homme a réalisé le vol artificiel? Si les Wright sont Américains, c'est la France qui, parmi toutes les nations, leur a fait confiance, et le camp d'Auvours est inséparable de leur gloire! Et quel est le pays qui pourrait nous opposer une pléiade d'aviateurs comparable à la nôtre? Ce n'est point là le fait du hasard. Les qualités de décision, de courage, d'improvisation, cet individualisme héroïque et inventif qu'exigent les sports de l'air sont au fond du tempérament français : mais, pour que de telles qualités portent maintenant tous leurs fruits, il faut qu'elles fassent une part à l'esprit d'organisation méthodique. N'oublions pas que, de l'autre côté de la frontière, un grand peuple industrieux a rassemblé sept millions à l'appel de Zeppelin.

Il est maintenant peu vraisemblable qu'une telle somme soit intégralement dépensée à construire d'énormes cétacés en aluminium. Que demain un million ou deux soient affectés à un de ces laboratoires grandioses que nos voisins excellent à organiser, et c'est l'Allemagne qui deviendra la maîtresse de l'aviation. Il est inutile d'insister sur le préjudice commercial, industriel et moral qu'entraînerait pour nous une telle abdication. Un avenir prochain, un avenir de deux ou trois années, montrera si, pour quelques centaines de mille francs, il aura plu

à la France d'abandonner à un autre
peuple une gloire qu'elle tenait entre ses
mains.

Paul PAINLEVÉ,

de l'Académie des Sciences.

Appendice

La manifestation du 17 Février

à la Chambre des Députés

Dans le compte rendu de la manifestation du Sénat, nous avons indiqué en dernière heure, que M. le Président Brisson, d'accord avec le Groupe de la locomotion aérienne de la Chambre des Députés, avait organisé à la Chambre une réunion analogue à celle du 4 Décembre dernier. Nous avons pu nous procurer, au moment de mettre sous presse, l'allocution prononcée par M. le Président du Groupe de la locomotion aérienne en ouvrant la séance et celle de M. le Président de la Chambre.

En voici le texte. Quant aux conférences, elles ont porté sur le même sujet que celles du 4 Décembre et elles ont été faites également, avec un plein succès, par MM. Bouttieaux et Painlevé, devant un auditoire très nombreux.

Allocution de M. Hector DEPASSE

Président du Groupe de la Locomotion Aérienne

à la Chambre des Députés

Mesdames, Messieurs,

Au nom du groupe d'études et d'encouragement pour les progrès de la locomotion aérienne, je remercie toutes les personnes qui se sont rendues à cette conférence. Je remercie particulièrement M. le Président du Sénat et les sénateurs, nos collègues. Je remercie vivement M. le Président de la Chambre qui a mis ses salons à notre disposition. *(Applaudissements.)*

Le bruit a couru dans le monde qu'une nouvelle science, un art nouveau étaient nés, qui nous permettraient de voyager dans les airs à notre volonté. Est-ce possible? est-ce bien vrai? vous aller en juger vous-mêmes.

Cette science nouvelle a suscité, dans le Parlement, des groupes jusqu'alors inconnus; elle aidera à l'union des nations dans l'harmonie et dans la paix. *(Applaudissements.)*

Je n'ai à vous présenter ni M. le Commandant Bouttieaux qui vous parlera principalement des dirigeables, ni M. Painlevé qui vous parlera des aéroplanes; leur renommée les présente beaucoup mieux que je ne le pourrais faire, et je n'ai pas à leur donner la parole, elle leur appartient par droit de conquête et de maîtrise. *(Applaudissements.)*

Allocution de M. Henri BRISSON

Président de la Chambre des Députés

Vous voulez, mon cher Depasse, bien que l'honneur de cette réunion revienne tout entier au groupe de l'aviation de la Chambre des députés, vous voulez que j'adresse les remerciements de cette assemblée aux deux conférenciers qu'elle a entendus. Je le ferai bien volontiers; mais, à ces savants généreux, des remerciements, je le sais, ne sont pas nécessaires; ici, comme au Luxembourg, le 4 décembre dernier, ils ont pu se rendre compte que leur auditoire était palpitant, qu'il les suivait avec une attention passionnée et presque haletante. Je suis sûr que c'est le meilleur remerciement qu'ils attendissent. *(Assentiment unanime et applaudissements.)*

Pourquoi, Mesdames, Messieurs, ces ballons dirigeables, ces aéroplanes parlent-ils si haut, non pas seulement à notre curiosité, non pas seulement à notre imagination, mais à notre cœur, à ce qu'il y a de plus élevé en nous? C'est qu'ils représentent à nos yeux et à nos esprits comme un nouveau chapitre, et un chapitre qui paraît sans limites et sans fin, de cette lutte séculaire de la personne humaine contre les liens matériels qui l'enveloppent, qui l'enchaînent, et qui l'entravent, comme un effet prodigieux de cette résolution de l'homme de devenir ici-bas l'ouvrier volontaire et conscient de la transformation universelle. *(Vifs applaudissements.)*

Vous avez dit, mon cher monsieur Painlevé, un mot qu'il faut retenir, quand vous dépeigniez l'individualisme héroïque de ces inventeurs, de ces pionniers, de ces navigateurs, de ces pilotes que nous devons saluer à côté de vous. Oui! ils font preuve d'un individualisme héroïque. C'est que, si, de la contemplation des espaces et de la maîtrise de plus en plus puissante que nous prétendons y exercer, si nous passons à l'observation de nous-mêmes, le thème, au fond, ne change point. Vous nous avez fait sentir fortement que le ferme dessein de prendre tous les jours un empire plus puissant et sur nous-mêmes et sur les choses, c'est la seule justification de la vie, et cela lui donne aussi sa seule grandeur. C'est de quoi, messieurs, nous vous remercions. Merci! merci! mille fois merci! *(Vifs applaudissements répétés.)*

Liste des Membres
du Groupe de la Locomotion aérienne
à la Chambre des Députés

au 20 Février 1909

Président :

M. Hector DEPASSE.

Vice-Présidents :

MM. JOLY (Antony), LEBOUC (Charles), STEEG, MESSIMY.

Secrétaires :

MM. GODARD, BESNARD, Félix CHAUTEMPS, DALIMIER.

Questeur :

M. PAJOT.

Membres Adhérents :

MM.

ADIGARD, Albert POULAIN, ARGELIÈS, AURIOL.

BACHIMONT, BANSARD DES BOIS, BERGER Georges, BERTEAUX, BESNARD, BINET, BOURÉLY, BRETON J.-L., BUISSON Ferdinand, BUSSAT, BUTIN.

Cachet, Cère, Chambon, Chandioux, Charles Leboucq, Chastenet, Chautard, Chautemps Alphonse, Chautemps Félix, Cochery Georges, Cornand, Cosnard, Cosnier, Couesnon.

Dalimier, Dansette, Dejeante, Delcassé, Deloncle François, Desfarges, Desplas, de Dion, Doumer, Dreyt, Dubois, Dupuy Pierre, Dutreil.

Emile Chauvin, Emile Merle, Euziere.

Fitte, Flandin Ernest, Fleurent, Forcioli.

Gioux, Godart, Guillemet.

Hauët, Hector Depasse.

Jaurès, Janet, Joly.

Krantz.

Labori, Laniel, Larquier, Le Cherpy, Lenoir, Lesage, Levraud, Louis Dreyfus.

Malvy, Massabuau, Méquillet, Meslier, Messimy, Michel Henri, Mons, Muteau.

Normand.

Pajot, Paul Meunier, Péchadre, Péronnet, Petitjean, Plissonnier, Pozzi, Pugliesi-Conti.

Ravier, Reinach Joseph, Reinach Théodore, Renard, Réveillaud, Rigal, Roblin, Roy Maurice.

Santelli, Sarraut Albert, Schmidt, Sembat, Siegfried, Steeg.

Vigier.

Zévaès.

Secrétaire-adjoint :

M. Pécheux, attaché à la Questure de la Chambre des Députés.

Liste des Membres

du Groupe de l'Aviation au Sénat

au 20 Février 1909

Présidents d'Honneur :

MM. DE FREYCINET,
  Léon BOURGEOIS.

Président :

M. D'ESTOURNELLES DE CONSTANT.

Vice-Présidents :

MM. le Général LANGLOIS,
  Dr E. REYMOND (Loire).

Questeurs :

MM. BONNEFOY-SIBOUR, Th. GIRARD, L. TILLAYE.

Membres Adhérents :

MM.

AIMOND, Comte d'ALSACE, ANCEL, AUBRY, AUDIFFRED.
BARBAZA, BARBIER, BASIRE, BASSINET, Pierre BAUDIN,
BEAUPIN, BEPMALE, Alexandre BÉRARD, BERGER, BERSEZ,
BESNARD, BIENVENU-MARTIN, BLANCHIER, BODINIER,

Boissier, Boissy-d'Anglas, Boivin-Champeaux, Bon-
nefoy-Sibour, Bony-Cisternes, Borne, Boucher,
Boudenoot, Bourganel, Léon Bourgeois, Antide
Boyer.

Catalogne, Cauvin, Jules Cazot, Chabert, Cham-
bige, Charles-Dupuy, Francis Charmes, Chaumié,
Chautemps, Cicéron, Jean Codet, Cordelet, Copnet,
Baron de Courcel, Courrégelongue, Couyba, Crépin,
Vice-Amiral de Cuverville, Cuvinot.

Danelle-Bernardin, Daniel, Darbot, Daudé,
H. David, Decrais, Defarge, Defumade, Delhon,
Delobeau, Delpech, Denoix, Destieux-Junca,
Dufoussat, Dupont, Dusolier, César Duval.

Comte d'Elva, Empereur, Ermant, d'Estournelles
de Constant.

Faisans, Ferdinand-Dreyfus, Fessard, Fiquet,
Flaissières, Forsans, Fortier, Fortin, de Freycinet.

Gabrielli, Gacon, Gassis, Gaudin de Villaine,
Gauthier (Aude), Gauvin, Genet, Genoux, Gentil-
liez, Albert Gérard, Gervais, Giacobbi, Théodore
Girard, Gobron, Gomot, Goûin, Comte de Gou-
laine, Gravin, Grimaud, Grosjean, Eugène Guérin,
Guillier.

Hayez, Huguet, Ch. Humbert.

Vice-Amiral Comte de la Jaille, Jeannenay,
Jénouvrier, Jouffray.

Labbé, Labiche, de Lamarzelle, Général Langlois,
de Las-Cases, Le Chevalier, Maxime Lecomte, Le
Cour Grandmaison, Alexandre Lefèvre, Lemarié,
Le Roux, Honoré Leygues, Limousin-Laplanche,
Louis Blanc, Lourties, Lozé.

Magnien, Magnin, Maillard, Maquennehen,
Mascuraud, Maurice-Faure, Gaston Menier, Général

MERCIER, MÉZIÈRES, MILLAUD, MIP, MOLLARD, MON-
FEUILLARD, MONIS, MONNIER, Vicomte DE MONTFORT.
Noël.

OBISSIER SAINT-MARTIN, OLLIVIER, OURNAC.

PARISSOT, PAULIAT, PÉDEBIDOU, PÉLISSIER, Antoine
PERRIER, PEYROT, PEYTRAL, PHILIPOT, Louis PICHON,
PIC-PARIS, PINAULT, PIOT, Raymond POINCARÉ, POIR-
RIER, POIRSON, PORIQUET, POULLE.

RAMBOURGT, RANSON, RATIER, RAZIMBAUD, RENAU-
DAT, REY, Emile REYMOND, REYMONENG, RIBOT, RINGOT,
RIOTTEAU, Gustave RIVET, ROUBY, ROUSÉ, Maurice
ROUVIER, Paul ROUVIER.

SABATERIE, SAINT-GERMAIN, SAUVAN, SCULFORT,
DE SELVES, STRAUSS, SURREAUX.

THOUNENS, TILLAYE, Georges TROUILLOT, TRYSTRAM.

VAGNAT, VALLÉ, VELTEN, VERMOREL, VIDAL DE
SAINT-URBAIN, VIGER, VILLE, VISEUR.

WADDINGTON.

Secrétariat :

M. TROUBAT, *trésorier*, (à la Direction du Matériel).
M. BERGER, *secrétaire*.

Conseil Général de la Sarthe

2e session ordinaire de 1908

---

*Discussion et adoption du vœu déposé devant
le Conseil Général de la Sarthe*
par M. D'ESTOURNELLES DE CONSTANT, *Conseiller
Général du canton du Lude*

(22-25 Septembre 1908)

TEXTE DU VŒU

Messieurs,

Notre département a toujours été parmi les premiers à favoriser les découvertes et les applications de la science : il s'est acquis ainsi une notoriété spéciale et en France et à l'étranger.

Nous avons vu, il y a deux ans, le Circuit de la Sarthe s'organiser non loin du Mans ; aujourd'hui ce sont les expériences de navigation aérienne qui se poursuivent au Camp d'Auvours, et dont le récit passionnant remplit chaque jour plusieurs colonnes de tous les journaux du monde.

Pour la gloire et pour le profit de notre pays, nous devons, Messieurs, favoriser cette tradition si spéciale qui

affirme la vitalité et l'esprit d'entreprise de la France, en
même temps qu'elle attire sur notre territoire un nombre
chaque jour croissant d'étrangers qui se transforment vite
en clients et en amis. Je ne doute pas que le Conseil
général soit disposé à manifester ses sympathies pour la
navigation aérienne, mais je demande que ces sympathies
ne soient pas platoniques.

Notre commerce, notre agriculture tirent de grands
bénéfices du mouvement actuel dont Le Mans devient
un des centres les plus connus; nous devons conserver
cette situation privilégiée et la consacrer en faisant
quelques sacrifices.

Je n'ignore pas que les finances du département sont
déjà lourdement obérées, mais je me suis toujours refusé
à considérer comme des charges les dépenses entreprises
pour développer nos communications; ces dépenses sont
des placements productifs et j'ai souvent dit que la
construction d'un chemin de fer ou d'un tramway nouveau, loin d'obérer le département, l'aiderait plutôt à la
longue à payer ses dépenses.

Il en est de même du projet que j'ai l'honneur de
soumettre à votre attention.

Il se divise en deux parties : la première n'est qu'un
simple vœu, consistant à stimuler l'action gouvernementale et à soutenir le mouvement qui se crée dans
l'opinion en faveur de l'aviation; la seconde est un
engagement par lequel le Conseil général, d'accord avec
le Conseil municipal du Mans, assurerait la fondation
d'un prix ou de plusieurs prix destinés à encourager les
expériences de navigation aérienne.

Je m'abstiendrai de fixer un chiffre et je m'en remettrai
à la sagesse du Conseil. Je me borne à répéter que le
sacrifice que je propose sera rémunérateur et constituera
non seulement une bonne action mais une bonne affaire.

En conséquence, j'ai l'honneur de proposer au Conseil l'adoption du vœu suivant :

Le Conseil général, considérant les avantages nombreux que présente pour la France le développement des moyens les plus modernes de communication, émet les deux vœux suivants :

1º Que le Gouvernement encourage par l'affectation d'un crédit spécial les progrès de la navigation aérienne.

2º Que le département et la ville du Mans se concertent sur les mesures à prendre et, s'il y a lieu, sur les sacrifices à consentir pour encourager et récompenser les belles découvertes dont la Sarthe a l'honneur d'être le champ d'expérience.

Ce vœu a été renvoyé à la Commission des objets divers laquelle a chargé son rapporteur, M. Joubert, de le soutenir devant le Conseil. Voici le rapport de M. Joubert, et le compte rendu de la discussion.

Messieurs,

Notre collègue, M. d'Estournelles, a déposé, au début de notre première séance, un vœu tendant à ce que :

« 1º Le gouvernement encourage, par l'affectation d'un crédit spécial, les progrès de la navigation aérienne ;

« 2º Le département de la Sarthe et la Ville du Mans se concertent sur les mesures à prendre et, s'il y a lieu, sur les sacrifices à consentir pour encourager et récompenser les belles découvertes dont la Sarthe a l'honneur d'être le champ d'expériences. »

Ce vœu, envoyé à la Commission des routes, a été, par elle, retourné à la Commission des objets divers, qui a pensé qu'il pouvait lui appartenir, en effet, de l'examiner.

Elle s'associe aux considérations d'un ordre si élevé et vraiment si patriotique présentées par notre collègue.

Aussi, vous propose-t-elle de renvoyer, en l'appuyant *énergiquement*, la première partie du vœu à M. le Ministère des Travaux publics.

En ce qui concerne la seconde partie du vœu, nous devons faire connaître au Conseil général que notre président a reçu ce matin, du président de l'*Aéro-Club de la Sarthe*, M. Léon Bollée, la lettre suivante :

« Monsieur le Président,

« M. d'Estournelles a déposé, au début de votre « session, une proposition tendant à ce que le Conseil « général s'intéresse d'une manière générale, à la navi- « gation aérienne et, d'une façon spéciale, aux expé- « riences d'aviation qui ont eu lieu dans la Sarthe.

« J'ai l'honneur de vous indiquer, comme moyen « pratique de donner satisfaction à ce vœu, le vote d'une « allocation à l'*Aéro-Club de la Sarthe*, comme contri- « bution du département aux prix que nous avons l'in- « tention de fonder et qui seront attribués dans des « concours ouverts à tous les aviateurs, étant bien « entendu que ces concours auront lieu dans le dépar- « tement de la Sarthe.

« Veuillez agréer, Monsieur le Président, l'expression « de mes sentiments les plus distingués.

« *Le Président*, Léon BOLLÉE. »

Votre Commission des objets divers a pensé que cette demande nous fournissait le moyen de donner une satisfaction pratique au vœu de M. d'Estournelles et elle vous propose de voter à l'*Aéro-Club* une subvention de 5oo francs pour être employée conformément aux indications de son président.

Malgré votre désir d'éviter, actuellement, toutes nouvelles inscriptions de dépenses au budget, il nous paraît impossible que le Conseil général ne tienne pas, avant de clore la présente session, à voter une subvention répondant au sentiment des populations, heureuses que notre région ait été choisie comme le champ d'expériences de l'aviation.

M. de Nicolay. — Je ne m'oppose pas, messieurs, au vote des conclusions du rapport, mais j'ai quelques observations à formuler.

Personne ne saurait m'accuser d'être hostile à l'aviation, puisque c'est moi qui, comme président de la Société des Courses du Mans, ai fait toutes les démarches nécessaires pour décider MM. Wright et O Berg à venir s'installer sur l'hippodrome des Hunaudières, alors que l'on cherchait à les attirer dans d'autres départements.

Mais il me paraît que la somme de 5oo francs que l'on vous propose de voter pour manifester notre sympathie aux aviateurs est singulièrement modeste, alors que de toutes parts affluent des souscriptions qui se chiffrent par des milliers de francs.

Pour témoigner à M. Wright la satisfaction que nous éprouvons à le voir faire des expériences dans notre département, pour témoigner à M. O Berg notre reconnaissance pour le concours qu'il nous a prêté lorsqu'il s'est agi d'amener M. Wright à choisir les environs du Mans, il me semble que nous aurions pu nous borner à ouvrir entre nous une souscription dont le produit nous aurait permis d'offrir à ces messieurs des médailles commémoratives.

Mais voter 5oo francs est absolument mesquin, et il me semble qu'il vaudrait mieux ne rien faire que d'offrir une aussi modeste offrande.

M. d'Estournelles. — S'il s'agissait de décerner un prix ou une récompense, nous serions tous unanimes à considérer que le crédit qui vous est demandé est hors de proportion avec l'effort considérable dont la Sarthe est actuellement le théâtre... Mais il s'agit surtout de faire constater par la France que le Conseil général de la Sarthe ne se désintéresse pas des expériences qui se font, en ce moment, dans ce département et qui passionnent à un si haut point l'opinion publique dans le monde entier.

Dans ces conditions, le chiffre est indifférent : on peut le réduire ou l'augmenter sans modifier le caractère de la manifestation.

Personnellement, je serais d'ailleurs très heureux d'accepter la proposition de M. de Nicolay et de renforcer la valeur de notre manifestation en offrant des médailles à MM. Wright et O Berg.

M. Le Chevalier. — Je me permettrai de faire observer à M. de Nicolay qu'il ne s'agit pas, dans le rapport dont on vient de vous donner lecture, de MM. Wright et O Berg. Il s'agit d'accorder une subvention à l'*Aéro-Club de la Sarthe* pour lui permettre d'organiser des concours dont cette Société a conçu le projet.

On peut donc voter les conclusions de ce rapport — et cela n'empêchera pas ensuite M. de Nicolay de mettre à exécution son projet. D'avance mon concours lui est tout acquis.

M. de Nicolay. — Je vous ferai remarquer que j'ai commencé par déclarer que je ne m'opposais nullement au vote des conclusions du rapport.

M. Le Chevalier. — Tout le monde est donc d'accord.

Les conclusions du rapport sont adoptées. (1)

(1) Un vote analogue a été émis ensuite par le Conseil municipal du Mans, puis par le Conseil municipal de Paris, dont la subvention fut de 15.000 francs.

L'Aviation
à l'Université de Paris

*Programme du Cours libre d'aéronautique
de M. le C¹ Paul RENARD
devant la Faculté des Sciences pour l'année scolaire
1908-1909*

GÉNÉRALITÉS

I. — Mercredi 27 Janvier 1909 : *Les trois modes de locomotion: terrestre, aquatique et aérienne.*

II. — Mercredi 3 Février 1909 : *L'Océan aérien.*

III. — Mercredi 10 Février 1909 : *Le double problème de l'aéronautique : sustentation et direction ; deux modes de sustentation ; un seul mode de direction ; La direction en locomotion aérienne.*

AÉROSTATION

IV. — Mercredi 17 Février 1909 : *La sustentation statique ; les gaz légers.*

V. — Mercredi 24 Février 1909 : *La sustentation statique (suite), la force ascensionnelle.*

VI. — Mercredi 3 Mars 1909 : *Les pressions apparentes dans les aérostats.*

VII. — Mercredi 17 Mars 1909 : *Conséquences des pressions apparentes.*

VIII. — Mercredi 24 Mars 1909 : *L'Architecture aéronautique.*

IX. — Mercredi 31 Mars 1909 : *Les mouvements verticaux des aérostats.*

X. — Mercredi 28 Avril 1909 : *Les aérostats libres.*

XI. — Mercredi 5 Mai 1909 : *Les aérostats captifs.*

XII. — Mercredi 12 Mai 1909 : *Les aérostats dirigeables : étude technique.*

XIII. — Mercredi 19 Mai 1909 : *Les aérostats dirigeables : étude historique.*

Le cours aura lieu à 5 heures 1/2 du soir, à l'amphithéâtre Cauchy.

—

Le Commandant Renard se propose de compléter ultérieurement ce cours par des leçons sur l'*Aviation.*.

Bibliographie

Bibliographie

Au début de ce livre, nous avons dressé une liste aussi complète et impartiale que possible des précurseurs de l'aviation ; il conviendrait de la compléter par la liste des ouvrages et publications intéressant la science nouvelle. Nous avions entrepris, d'accord avec plusieurs de nos amis les plus qualifiés, cet intéressant travail, mais nous n'avons pas tardé à constater qu'il dépasserait de beaucoup les limites de notre plan, et constituerait, sans être complet, un volume à lui seul. Nous nous bornerons donc à quelques indications rudimentaires en commençant par renvoyer le lecteur à la bibliographie publiée par M. Gaston Tissandier sous ce titre : *Bibliographie Aéronautique*, Catalogue de livres d'histoire, de science, de voyages et de fantaisie, traitant de la navigation aérienne ou des aérostats, par Gaston Tissandier ; (Paris, H. Launette et Cⁱᵉ, Editeurs, 1887.)

Cette bibliographie aujourd'hui épuisée a été éditée avec luxe et beaucoup de soin, elle contient déjà 800 indications de travaux distincts concernant la locomotion aérienne. On peut imaginer à quel chiffre ce premier total doit s'élever actuellement. On remarquera dans la bibliographie de M. Gaston Tissandier le nombre assez grand des travaux anonymes. Il est probable que, sans parler de tous ceux qui n'eurent ni les moyens, ni la liberté d'écrire, beaucoup d'auteurs craignaient de s'exposer au ridicule ou à quelque disgrâce en consacrant leur temps à ces billevesées.

Nous appelons aussi l'attention du lecteur sur ce fait que beaucoup d'ouvrages très importants ne figureront pas dans une bibliographie aéronautique, bien qu'ils aient pu avoir sur les progrès de la locomotion aérienne une influence indirecte mais décisive.

Pour ne citer que quelques exemples, un ouvrage consacré à la bicyclette et à l'automobile ne trouverait pas sa place dans notre énumération et pourtant, sans l'automobile, nous en serions encore à rêver l'aviation ; en sorte que, pour être équitables et complets, nous devrions enregistrer dans notre bibliographie les succès de Léon Bollée, depuis l'époque de sa voiturette jusqu'à sa constante participation aux expériences de W. Wright, l'été dernier, au camp d'Auvours ; les prophéties de M. Deutsch de la Meurthe, considéré comme un mécène alors qu'il a droit au titre d'initiateur, depuis le jour où il a entrevu dans l'utilisation du pétrole la solution du problème aérien. Toute la collection des ouvrages sur le pétrole pourrait ainsi figurer dans une bibliographie de l'Aviation ; et combien d'autres ?...

C'est en 1889 que le journal le *Génie Civil* constatait la proposition d'appliquer le moteur à gazoline à la navigation aérienne, et cette proposition, déjà très précise et très détaillée, avait été soumise, dès 1887, par M. Deutsch de la Meurthe à MM. Renard et Krebs. — Ces quelques exemples expliquent surabondamment pourquoi nous avons dû abandonner notre projet.

Si nous donnons néanmoins les quelques indications qui suivent, c'est uniquement dans l'espoir d'éveiller chez certains de nos lecteurs l'ambition de faire mieux et de publier le plus tôt possible l'historique qui constituera le bilan de l'Aviation, en 1909, base nécessaire de tous les travaux de l'avenir.

E. C.

*
* *

Depuis 1887, voici un certain nombre des ouvrages et des périodiques que nous avons consultés. (A noter que M. E. Seux, Secrétaire de la Section d'Aviation de l'Aéro-Club du Rhône, a réuni depuis longtemps une bibliothèque complète d'ouvrages sur l'aéronautique).

MAREY (1890). — « Le vol des oiseaux ». (Masson).

DRZEWIECKI (1891). — « Le vol plané ».

Toute la collection de « l'Aéronaute » depuis 1868, organe de la Société française de Navigation aérienne qui a publié les travaux de Sir G. Cayley, Wenham, Pénaud, Tatin, Basté, Bretonnière, etc. (1)

---

(1) C'est dans cette collection, pour donner un aperçu des ressources dont elle abonde, que nous avons lu « La Conquête de l'Air », discours prononcé le jeudi 2 juillet 1896 à l'hôtel des Sociétés Savantes par M. Paul Decauville, sénateur, président de la Société française de Navigation aérienne; — publication du bulletin mensuel illustré de la Navigation aérienne fondé et dirigé par le professeur Abel Hureau de Villeneuve, 29ᵉ année, nᵒ 8.

Ce discours nous donne la liste des présidents successifs de la Société de Navigation aérienne, depuis Crocé-Spinelli en 1872, Janssen en 1873, etc., jusqu'au général Parmentier en 1895; on y trouve les fermes prédictions de Gaston Tissandier, en 1886, le récit des belles manifestations du centenaire de la première ascension des frères Montgolfier en 1883, et le discours plein de confiance prononcé à cette occasion, au nom du Ministre, Jules Ferry, par notre regretté

La collection de « l'Aérophile », organe de l'Aéro-Club de France. Les progrès actuels de l'aviation s'y trouvent mentionnés de première main, au jour le jour, depuis 1903.

La collection de la « Revue de l'Aéronautique », de Hervé (chez Masson), recueil luxueux des travaux exécutés entre 1890 et 1900 (Renard, Maxim, Langley, Ader, Lilienthal).

A. Bazin a écrit sur le vol à voile dans la « Revue Scientifique », Mars-Avril 1895, Janvier-Avril 1898, Juin 1905.

A ces quelques travaux on peut ajouter :

Tissandier. — La « Navigation aérienne », qui donne la description des appareils des principaux précurseurs.

J. Lecornu. — « Les Cerfs-Volants » un volume illustré et « la Navigation Aérienne », historique, documentaire et anecdotique. — Les deux ouvrages publiés à Paris par Vuibert et Nony, 63, boulevard Saint-Germain.

Le Colonel Renard dans la « Revue du Génie » (1889), donne une excellente étude des ballons dirigeables.

---

président d'honneur M. Berthelot, discours officiel et qui se termine par cet encouragement inappréciable de la part d'un pareil juge :

« Peut-être ne verrons-nous pas le problème complètement « réalisé ; la vieillesse arrive pour beaucoup d'entre nous ; mais nos « fils, j'en ai le plus ferme espoir, assisteront à cette découverte.

« Et ce n'est pas dans une salle comme celle-ci qu'ils la fêteront, « mais dans un navire aérien. »

On y rappelle rétrospectivement les paroles prophétiques de Lazare Carnot sur « l'Avenir de la puissance motrice » et de « la Mécanique du feu », puis, de nos jours, un admirable acte de foi de Janssen.

Un très intéressant passage du discours de M. Decauville attribue l'origine des découvertes de Lilienthal à une communication faite par Ch. de Louvrié à « l'Aéronaute » en avril 1864. — Enfin le discours se termine par le récit du voyage aérien du Ministre de l'Instruction publique d'alors, M. A. Rambaud sous la conduite

Lilienthal (1889). — « Der Vogelflug als Grundlage der Fliegekunst ». Berlin, chez Gaertner, Schönebergersttasse 26. Lilienthal a décrit ses essais de vol d'abord dans le journal « Zeitschrift für Luftschiffahrt » où il était rédacteur.

Chanute (1894). — « Progress in flying machines » New-York, Forney, 39, Cortlandt St, ouvrage analogue à celui de Tissandier.

Du même: « Gliding experiments » — Journal Western Society of Engineers 1897. — Articles dans Cassier's Magazine, juin 1901.

C. Ader. — « La première étape de l'aviation militaire en France », un volume J. Bosc et Cie, 38, Chaussée-d'Antin, Paris 1907.

Major Moedebeck, de l'artillerie allemande: « Taschenbuch für Flugtechniker und Luftschiffer, » Berlin chez Kühl 1904. Cet ouvrage contient une Bibliographie très complète en ce qui concerne l'Allemagne.

Tatin. — « Eléments d'aviation » (1908), Dunod.

Armengaud. — « Le problème de l'aviation et sa solution par l'aéroplane » (1908), Delagrave.

Soreau. — « Aérodynamique ». Compte-rendu de la Société des Ingénieurs civils. (Octobre 1902). — « Etat actuel et avenir de l'Aviation », même collection (1908).

Capitaine Ferber. — « Les progrès de l'aviation par le vol plané » 1904. — « Pas à pas, saut à saut, vol à vol » (1906). — « Les calculs » (1907). — « De crête à crête, de

d'Edouard Surcouf. Si on rapproche cette marque officielle d'intérêt des souvenirs du siége de Paris et de l'appui donné par M. de Freycinet et par le Ministère de la Guerre à M. Ader, on doit en conclure que, depuis Montgolfier jusqu'à nos jours, la locomotion aérienne en France a, malgré tout, si puissamment éveillé l'intérêt général qu'elle a toujours été, à quelques exceptions près, l'objet, sinon des initiatives, tout au moins des sympathies gouvernementales et considérée comme une de nos gloires nationales.

E. C.

ville à ville, de continent à continent » (1908), chez Berger-Levrault.

SANTOS-DUMONT. — « Dans l'Air ».

François PEYREY. — « Les premiers hommes-oiseaux » (Etude sur les frères Wright). — « Au fil du vent », ouvrage complet sur les ballons sphériques.

DRZEWIECKI. — « Compte-rendu de l'Académie », 4 Avril 1892, étude sur le rendement des hélices aériennes. — « De la nécessité urgente de créer un laboratoire d'essais aérodynamiques » (1909). — « Des hélices aériennes » (1909).

G. BLANCHET. — « Le vade-mecum de l'aéronaute ».

L'« Almanach des Aviateurs » (1909), rue du Pont de Lodi, 1, Paris.

GRAFFIGNY (H. de). — « Les ballons dirigeables et la navigation aérienne » (Baillière) 1902.

Du même : « Les Aéroplanes : Historique, calcul et construction ». — Librairie Bernard Tignol, 53 *bis*, quai des Grands-Augustins, Paris (1909).

ANDRÉ. — « Les Dirigeables », vol. cart. (1908).

AVERLY. — « Le problème général du vol et la force centrifuge » (Dunod, Editeur, Paris).

BERGET. — « Ballons dirigeables et Aéroplanes », (Librairie Universelle, Paris, 1907).

BRACKE (A.). — « L'Aéroplane Wilbur Wright ». Plaquette de 16 pages (1908). — « Les Aéroplanes Farman et Delagrange » (1908).

BROSSER. — « L'hélice propulsive » (Challamel) 1907.

CANTELOU (Maurice de). — « Etudes sur l'aviation » (Béranger, 1909).

Commission Permanente Internationale d'Aéronautique. — « Procès-verbaux et compte-rendus », (1907).

Congrès International Aéronautique de Milan (1906). — « Rapports et Mémoires ».

Eiffel. — « Recherches expérimentales sur la résistance de l'air, exécutées à la Tour Eiffel » (1908).

Espitalier. — « La technique du Ballon » (Drouin, 1908).

Fafiotte. — « Le ballon libre et sa manœuvre » (Editions de l'aéro) 1908.

Fonvielle et Besançon. — « Notre flotte aérienne » (Gauthier-Villars) 1908.

Henry. — « Etude sur le mouvement d'un Aviateur » (Dunod, 1907).

Kress (W.). — « Comment l'oiseau vole, comment l'homme volera » (Trad. de R. Chevreau) (Vivien) 1908.

Lelasseux et R. Marque. « L'Aéroplane pour tous », Paris, Société d'Editions Aéronautiques, 34, rue Madame, (1909).

Micciolo. — « Théorie des hélices aériennes » (Vivien) 1908. — « Aéronef dirigeable plus lourd que l'air » (Hélicoptère) (Vivien) 1908.

Sazerac de Forge. — « La Conquête de l'air » (Berger-Levrault) 1907. — « L'homme s'envole » (Berger-Levrault) 1909.

Vallier. — « La Dynamique de l'Aéroplane » (Dunod, 1907).

La librairie Vivien, 20, rue Saulnier, Paris, publie un bulletin des travaux actuels d'aéronautique.

Outre les ouvrages mentionnés ci-dessus, la presse spéciale, qui s'enrichit chaque jour et à laquelle nous avons eu recours plus d'une fois dans le présent ouvrage, comprend principalement :

1° Publications françaises :

L' « Aéronautique », Revue publiée par « l'Aéronautique-Club de France. »

L' « Aérophile », 63, Champs-Elysées, bi-mensuel.

L' « Aéro-Revue », — Bulletin officiel de l' « Aéro-Club du Rhône et du Sud-Est ».

La « Revue de l'Aviation », 8, rue Grange-Batelière, bi-mensuel.

L' « Aviation Illustrée ».

L' « Avion ».

L' « Aéronaute », 31, rue de la Victoire, mensuel.

La « Revue Aérienne », 40, rue des Mathurins, bi-mensuel.

L' « Aéro », 198, rue de Courcelles, hebdomadaire.

2° Publications étrangères :

« Illustrirte Aeronautische Mitteilungen », Berlin W. 35, bi-mensuel.

L' « Aéro-Mécanique ».

« Aeronautics ».

Bulletin de l'« Aéro-Club Suisse », Farner, Hirschengraben, 3.

« Aeronautical Journal », of Great Britain, King, Sell and Ralton, 27, Chancery Lane, London W. C.

« Bolletino della Societa Aeronautica », Corso Umberto I, 397, Rome, mensuel.

« La conquête de l'air », 214, rue Royale, Bruxelles, bi-mensuel.

« Aeronautics », 142, West, 65 th. St., New-York.

« Vosdonchoplavatel » Ertelw, 18, St-Pétersbourg.

De plus, les journaux de sport quotidiens « l'Auto » et « les Sports » donnent de très bonnes rubriques aéronautiques par MM. F. Peyrey et G. Bans. Enfin tous les journaux techniques illustrés nés avec l'automobile, comme la « France Automobile et Aérienne », la « Vie Automobile », « Omnia », etc., ainsi que les périodiques illustrés « l'Illustration », la « Vie au Grand Air », le « Journal Illustré», et tous les quotidiens ont maintenant également une rubrique aéronautique, sans oublier, bien entendu, le bulletin mensuel du Touring-Club.

Des reporters photographiques, MM. Rol, 5, rue Richer ; Raffaële, 3, rue Guichard, et Branger, 5, rue Cambon, possèdent des photographies de toutes les expériences faites dans ces dernières années.

La figure qui clôt ce volume est de notre ami M. Albert Besnard, qui a bien voulu la composer spécialement pour notre ouvrage.

C'est un nouveau sujet d'inspiration qui s'offre à nos artistes : une moderne assomption.

TABLE DES MATIÈRES

Diverses applications de l'Aviation

LA SCIENCE

LA GUERRE ET LA PAIX

—

Bibliographie

TABLE DES GRAVURES

LA FLÈCHE. — IMPRIMERIE CHARIER-BELLAY.

PROGRAMME

du Comité de Défense des

Intérêts nationaux

Quiconque en France travaille, savant, artiste, ouvrier, agriculteur, industriel ou commerçant; quiconque aspire à la pacification des esprits et au relèvement de notre activité nationale, est prié de lire et de faire lire le programme suivant, développé par le Président du Comité, dans une lettre au *Temps* le 10 mars 1901. A ce programme, sont joints un certain nombre des témoignages d'adhésion recueillis par le Comité (1), ainsi qu'un exposé sommaire des premiers résultats déjà acquis; résultats très appréciables si l'on considère que chaque conférence laisse derrière elle des germes et sert de thème à nombre d'articles, de leçons et de discussions locales qui en multiplient la répercussion dans tout le pays. Une seule conférence serait inutile tandis qu'un concert général, une obsession de conférences doit provoquer infailliblement une orientation nouvelle de l'opinion.

---

(1) Adhésion de M. le Président de la République et de tous les Ministres intéressés.

Paris, 1er Février 1901.

Monsieur,

La moitié de mon existence, passée à l'étranger, m'a permis de constater que la France est à la fois mieux douée et plus mal servie que la plupart de ses voisins. Ses richesses naturelles et historiques, son climat, son sol, ses rivières, ses chutes d'eau, ses stations thermales et hivernales, ses plages si variées, ses régions les plus célèbres, les ressources de son avenir, comme les souvenirs de son passé, tout ce qui fait son charme et son prix, tout ce qui pourrait faire sa force et sa fortune, tout cela est si mal exploité qu'elle perd peu à peu sa supériorité, sa population, sa clientèle.

La France souffre moralement et matériellement de ce déclin momentané.

Matériellement, la vie est dure. Tout le monde ne peut être fonctionnaire, toucher une rente ou une pension de l'Etat. La dépopulation, l'alcoolisme s'accentuent et resserrent encore le cercle qui nous étreint.

Moralement, la France cesse d'être souriante, et ses enfants s'entredéchirent. Elle souffre d'autant plus qu'elle mesure les progrès de ses voisins : la Belgique, la Suisse, l'Allemagne; de ses rivaux, même les plus éloignés, depuis l'Amérique jusqu'au Japon. Paralysée par ses charges croissantes et sa routine, se voyant menacée, dépassée de toutes parts, elle s'aigrit contre tout le monde et contre elle-même. En vain, essaye-t-on de lui chercher une diversion dans les excès d'une expansion coloniale trop dispersée pour être rémunératrice : elle y trouvera des débouchés, sans doute, mais, en même temps, un surcroît de dépenses, des causes de complications et de conflits qui l'obligeront à augmenter, au-delà du possible, ses budgets de la guerre et de la marine, au détriment des autres services publics et de la bonne administration des ressources nécessaires à sa prospérité. Elle marche donc à l'appauvrissement, à la révolte et à la guerre.

Est-ce à dire qu'il faille désespérer de la France? Non. Le remède est en elle. Il faut le lui démontrer. Il faut en appeler à elle-même. L'action gouvernementale est impuissante à réveiller son initiative. Il faut parler à l'opinion; lui montrer le danger pressant et le remède. Tout nous y invite. Il est temps. L'heure est venue. Le public est prêt à entendre, et ceux qui peuvent lui parler sont prêts à se mettre en route et à commencer leur apostolat.

Oui, les uns sont prêts à parler, les autres sont prêts à entendre.

Depuis six ans que je suis rentré en France, j'en ai fait systématiquement l'épreuve : je suis allé signaler le péril de la concurrence, la nécessité de notre réveil national, la nécessité de la concorde, non seulement entre les hommes d'un même pays, mais entre les peuples d'une même race. Partout, de Nancy à Bordeaux, de Marseille à Nantes, à Tours, à Laval, au Mans, à la Rochelle, à Angers, de Paris à Poitiers, à Lyon, à Blois, à Toulouse, à Reims, etc., etc.; j'ai trouvé le public, sans distinction de classes, attendant le réveil, appelant l'union, le travail fécond dans la paix. Mais je ne puis continuer à moi seul cette campagne, à mesure qu'elle se développe. Mes forces, mon temps, mes ressources n'y suffiraient plus. Et d'ailleurs, beaucoup d'autres Français pensent comme moi. J'ai trouvé, pour donner à cette agitation économique toute la variété et tout l'intérêt qu'elle comporte quelques hommes d'élite, sans ambition politique, agrégés de l'Université, orateurs, écrivains, voyageurs qui reviennent de faire le tour du monde, tous également riches d'observations, à la fois sur les entreprises de nos rivaux et sur les moyens de nous défendre.

J'ai proposé à ces observateurs, afin que leur expérience ne soit pas perdue pour la France comme pour eux-mêmes, de s'organiser pour en répandre le plus possible le bienfait en constituant notre Comité de Défense des Intérêts Nationaux.

J'ai trouvé, je dois le dire, le plus grand encouragement dans l'ordre matériel et moral pour la réalisation de ce projet. Sans distinction d'opinion, d'éminentes personnalités y ont aidé, dans les milieux les plus divers et en apparence les plus opposés, à Paris et en province, au Parlement et à l'Académie française, à l'Académie de médecine, à l'Institut, au Ministère des Travaux publics, du Commerce, de l'Agriculture, de l'Instruction publique, dans l'Université comme dans l'Armée, toutes deux si gravement menacées par la perspective de notre appauvrissement; même accueil chez un grand nombre de Municipalités, de Chambres de Commerce, d'Associations industrielles et agricoles; égales sympathies auprès du patron et de l'ouvrier, dans les Syndicats de toutes sortes, Bourses du Travail, Universités populaires, Associations de petits propriétaires, négociants, employés, producteurs et consommateurs, hôteliers, voyageurs, mariniers, voituriers, comités régionaux ou locaux d'initiative, etc., etc., Partout j'ai trouvé des foyers vivants, mais épars, considérés comme inutiles ou dangereux parce qu'on ne sait pas s'en servir. Donner à toutes ces forces la conscience de la solidarité qui doit les unir; communiquer par la parole à chaque région de la France, puis à la France entière, une ambition économique, un programme, un but; apporter à toutes ces bonnes volontés, à ces énergies qui languissent un aliment; les empêcher de se ronger intérieurement ou de s'entredétruire en les faisant participer toutes ensemble à une même œuvre, au service de l'intérêt général bien compris, auxiliaire de l'intérêt local et personnel, oui, là est le salut, la source de régénération et d'apaisement. Et c'est ce que chacun a compris. La Ligue de l'Enseignement, à elle seule, m'a voté pour cette première année une subvention de dix mille francs. D'autres souscriptions importantes me sont venues de nos principales villes françaises. L'ensemble de ces dons, déposé directement chez M. A. Kahn, banquier, 102, rue Richelieu, à Paris, suffit déjà pour nous permettre de commencer notre première campagne.

Nos conférences seront publiques et gratuites; la politique en sera strictement exclue; elles ne comporteront pas l'allusion la plus lointaine à nos divisions intérieures; et même sur le terrain économique, ne réclamant pas plus un retour aux doctrines absolues du libre-échange qu'une recrudescence de protectionnisme, nous éviterons les étiquettes, les vaines formules de panacée. Aucune partie de la France ne sera négligée. Nous commencerons par une première tournée de cent conférences.

Dans le Nord et dans l'Est, nous invoquerons l'exemple de nos voisins, tant au point de vue de la bonne organisation des transports qu'en ce qui touche l'exploitation scientifique de nos ressources agricoles, industrielles et minières.

Dans le bassin de la Seine et surtout dans ceux de la Loire, de la Garonne et du Rhône, nous ferons ressortir les dangers du déboisement des sources de nos rivières et la nécessité de tirer un meilleur parti de notre admirable réseau de navigation intérieure et d'irrigation, pour développer notre production, nos échanges, rendre la vie à des centres devenus peu à peu inaccessibles et ruinés. Dans les Alpes, dans le Jura, dans le Massif Central, dans les Pyrénées, partout où la nature accumule des trésors de forces, nous signalerons aux populations la valeur trop souvent encore vierge de nos glaciers, de nos torrents et de nos chutes. Nous appuierons de tous nos efforts l'action si intéressante des syndicats qui ne demandent qu'à naître, et dont plusieurs, déjà en pleine activité, nous serviront d'exemples et de modèles. Dans les régions privilégiées où abondent les stations thermales ou climatériques, les sites pittoresques ou historiques si recherchés des malades et des surmenés (aujourd'hui surtout que l'automobile et la bicyclette ouvrent aux touristes tant d'horizons nouveaux), nous ferons comprendre qu'il ne tient qu'à nous d'attirer par millions les voyageurs, au grand avantage de l'Agriculture et de l'Industrie qui les approvisionnent, des hôtels ou des propriétaires qui les logent, des entreprises de chemin de fer, de bateaux et de voitures qui les transportent, etc., etc. Nous montrerons comment, avec une organisation plus méthodique, une meilleure hygiène, une conception plus savante et plus moderne de ses intérêts, la France pourrait se relever, redevenir riche, prospère, et par conséquent forte; comment il n'est pas un point de son territoire dont on ne pourrait faire demain un centre d'activité et d'attraction. L'année prochaine, enhardis par le succès et par l'expérience, nous doublerons le nombre de nos conférences, et ainsi de suite, jusqu'à ce que nous ayons éveillé partout l'intérêt ; en même temps nous entreprendrons une série de conférences complémentaires à l'étranger, et toujours en français, pour entretenir le plus loin possible, jusqu'en Amérique et en Australie, la bonne réputation de notre pays, combattre les efforts de nos rivaux et multiplier le nombre de nos clients et de nos amis.

Parmi les hautes personnalités qui patronnent notre œuvre, il en est plusieurs qui ont bien voulu consentir à présider avec moi un certain nombre de ces conférences et à prendre la parole : nous solliciterons tous les concours pouvant donner le plus d'autorité et en même temps le plus d'attrait possible à nos réunions : nous y appellerons non pas par centaines, mais par milliers les auditeurs.

Quant au choix des conférenciers, je l'ai fait sous ma responsabilité et en m'inspirant de l'expérience des hommes qui connaissent le mieux toutes nos ressources à cet égard.

Voici la première lise des conférenciers pour cette année 1901 :

M. Georges Blondel, professeur à l'Ecole des hautes Etudes Commerciales, à Paris, chargé de nombreuses missions à l'étranger et auteur d'ouvrages connus sur le développement économique de l'Allemagne.

M. Jules Cels, professeur agrégé de mathématiques à Paris, organisateur de nombreux et importants syndicats de transports agricoles.

M. Colrat, avocat au barreau de Paris, auteur de remarquables études économiques.

M. Gaston Deschamps, agrégé de l'Université, publiciste et conférencier, (actuellement en tournée de conférences aux Etats-Unis).

M. Hauser, professeur de Faculté, auteur d'un très grand nombre de conférences économiques.

M. Hovelacque, professeur agrégé, chargé d'une mission d'études autour du monde.

M. Métin, agrégé de l'Université, chargé d'une mission d'études autour du monde.

M. Ed. Petit, inspecteur général de l'Université, auteur d'un grand nombre de conférences d'éducation sociale.

M. Rossignol, professeur agrégé d'histoire et de géographie, conférencier et secrétaire général du Comité de la Garonne navigable.

M. Schwob, auteur du livre sur le « Danger allemand », conférencier et secrétaire général du Comité de la Loire navigable.

J'ai besoin de tous les concours pour mener à bien cette œuvre qui intéresse la France entière ; je sais que je puis compter sur le vôtre ; je vous en remercie à l'avance, en vous priant d'agréer, etc.

D'ESTOURNELLES DE CONSTANT.

GROUPE PARLEMENTAIRE FRANÇAIS

DE L'ARBITRAGE INTERNATIONAL

Extrait du programme adopté dans la séance du 26 Mars 1903

. . . .

On affecte de croire que, nous, partisans de l'arbitrage, nous prétendons soumettre à cette juridiction toutes les questions et que, sous la menace même de l'invasion, au lieu d'appeler aux armes toutes les forces de la nation, nous irions, suppliants, demander des juges que notre agresseur refuserait !...

Il est temps de mettre les choses au point. Même isolées, les aspirations des partisans de l'arbitrage répondent si bien aux vœux de l'humanité qu'elles trouvent déjà de l'écho ; mais elles seront irrésistibles aussitôt qu'elles seront groupées. Ce groupement s'accomplit dans tous les pays qui progressent. En France, il est déjà tardif. C'est pourquoi je vous ai proposé, Messieurs, de nous réunir ici, tous animés d'un même esprit, d'une bonne volonté vraiment patriotique et supérieure, oubliant ce qui nous divise pour ne songer qu'à ce qui nous unit, et de former un groupe composé de tous les députés favorables au développement de l'arbitrage.

Nous sommes ici pour dissiper toute équivoque, volontaire ou involontaire ; pour affirmer et pour démontrer que, loin d'être des rêveurs, des philosophes ou des « sans patrie », nous avons pleine conscience de notre devoir et de notre responsabilité, en poursuivant pour la France une politique aussi claire, aussi prudente, positive et pleine de promesses, que la politique actuelle de l'Europe est obscure, grosse d'équivoques et de dangers.

Nous sommes ici pour affirmer que nous n'oublions rien du passé, mais que nous pensons également à l'avenir. Nous ne voulons pas d'une paix humiliée et précaire. Nous ne voulons pas faire de la France, prématurément désarmée, une victime et une proie ; nous la voulons, au contraire, plus forte, moins exposée, et plus prospère qu'à l'heure actuelle.

Pour aboutir à un résultat positif, nous aurons soin de limiter rigoureusement notre tâche. La paix universelle et le désarmement simultané resteront à jamais des rêves si la science, la méthode la plus rigoureuse et la plus patiente ne s'appliquent pas à chercher, à trouver et à définir les moyens d'en hâter la réalisation. Déjà, on peut affirmer que le désarmement ne sera que le dernier terme de l'évolution pacifique. Entre ce dernier terme et nos aspirations présentes combien d'étapes successives restent à franchir, sans qu'on puisse en doubler aucune ? Nul ne pourra songer au désarmement avant d'avoir essayé, au préalable, l'effet d'une réduction progressive des armements : et cette réduction elle-même sera nécessairement précédée par la limitation, la non augmentation des armements. Mais cette limitation suppose déjà de grands changements dans les relations des Puissances et ces changements devront être consacrés par des traités. Ces traités, impliquant des échanges de concessions réciproques, motivées par le respect de la justice et par la conscience d'une solidarité nouvelle entre les divers États contractants, ne pourront être menés à bonne fin, ni même négociés, sans une pénétrante préparation de l'opinion. C'est cette période de préparation que nous avons à abréger le plus possible et c'est à quoi doit se limiter, quant à présent notre effort pour être efficace.

Ainsi compris, notre programme devient très simple, très net : nous n'avons qu'un but, généraliser la pratique de l'arbitrage international, amener les Gouvernements à résoudre raisonnablement et honorablement, non pas tous les conflits, mais le plus grand nombre possible de leurs conflits par les voies de droit ; étendre aux relations de peuple à peuple les progrès lentement mais définitivement obtenus déjà dans les relations d'homme à homme, de commune à commune, de province à province dans un même pays. Les moyens d'action ne nous manqueront pas pour arriver à ce résultat.

Nous commencerons par dresser la liste de tous les pays, et ils sont nombreux, avec lesquels nous pourrions signer sans inconvénient des conventions générales d'arbitrage, et nous soumettrons cette liste au Gouvernement, car *l'article 19 de la Convention de La Haye impose, à cet égard, une véritable obligation morale aux 26 Gouvernements signataires.*

Par l'entremise de nos amis de l'Union interparlementaire nous entretiendrons des rapports suivis avec les groupes analogues au nôtre à l'étranger.

Les Sociétés françaises d'arbitrage qui poursuivent avec tant d'abnégation leur œuvre souvent ingrate, en dehors du Parlement, pourront désormais s'appuyer sur nous, tout en nous prêtant leur concours, et régler leur propagande éducatrice d'après nos progrès. Leur action et la nôtre sur l'opinion d'une part, sur les pouvoirs publics d'autre part seront d'autant plus puissantes qu'elles seront mieux concertées et qu'il n'y aura plus ainsi aucune bonne volonté perdue dans cette voie.

Le Gouvernement, hésitant jusqu'à ce jour à exécuter ses engagements de La Haye, devra tenir compte de notre insistance, pour changer enfin d'attitude. *Nous verrons cesser ce scandale d'une Cour internationale d'arbitrage ostensiblement et solennellement ouverte par la volonté de tous, mais, en réalité, fermée par un retour tacite de ces mêmes volontés.*

Nous étudierons, le cas échéant et selon les circonstances, dans quelle mesure les prescriptions novatrices de l'article 27 pourront être observées et comment la grande idée française d'un *devoir international* pourra trouver peu à peu sa sanction dans le monde entier.

Ainsi la France, loin d'être humiliée, compromise ou

affaiblie par son attachement au principe de l'arbitrage,
y puisera au contraire une force, une source de prestige
et d'autorité nouvelles ; elle ne laissera plus à la République des Etats-Unis le privilége de donner seule son
exemple à l'univers ; les autres nations Européennes ne
tarderont pas à la prendre une fois de plus pour guide.

Nous pourrons nous honorer, Messieurs, d'avoir su
comprendre l'élévation, le bienfait et la portée d'une
telle mission. Nos fils, plus tard, nous sauront gré de
ne pas l'avoir déclinée, car nous allégerons les difficultés
qui s'accumulent pour eux à l'horizon.

" Pro Patria per orbis Concordiam "

PROGRAMME

de la

Conciliation Internationale

Le véritable patriotisme consiste à bien servir son pays. Il ne suffit pas d'être toujours prêt à le défendre ; il faut aussi lui éviter les difficultés, les charges inutiles, et développer dans la paix ses forces, ses ressources, sa clientèle. Stimuler son activité intérieure à la faveur de ses bonnes relations extérieures, tel a été notre double programme, poursuivi sans esprit de parti depuis dix ans, par une éducation méthodique de l'opinion.

Dans cette entreprise qui sembla d'abord chimérique, nous avons été soutenus par des sympathies décisives dans toutes les classes, dans tous les pays, par les représentants éminents de la politique et de la science, par les Parlements, les Pouvoirs Publics, les Universités, les Conseils Généraux et Municipaux, les Chambres de Commerce, les Associations de Travail, de Paix, de Progrès, en Europe et en Amérique, où il n'est pour ainsi dire pas un chef d'Etat qui ne se soit montré favorable à notre action.

Déjà des résultats sont acquis ; les préjugés contre l'étranger disparaissent ; les peuples découvrent qu'en face des transformations du progrès et des assauts de la concurrence universelle, ils ont tout à perdre en des antagonismes qui les épuisent, tout à gagner en s'associant, comme les individus, par des concessions mutuelles, dans une coopération qui fortifie leur indépendance et leur personnalité. Les bénéfices d'une évolution si nouvelle se chiffrent par millions, et par de nombreuses facilités dans la pratique des échanges. Commerçant, Agriculteur, Industriel, Artiste, Savant, Ouvrier, Patron, quiconque travaille en profite ; chacun demande que ce changement devienne définitif. Telle est la seconde partie du problème qui reste à résoudre.

Le plus difficile est déjà fait. Ce n'est pas un entraînement sentimental qui a déterminé l'amélioration actuelle, c'est l'intérêt bien compris de chacun. Cette amélioration, il est vrai, n'a pas empêché de lamentables conflits ; elle a seulement permis de les limiter. Le rapprochement Franco-Anglais a, peut-être, épargné au monde une guerre générale ; et compterons-nous pour rien ces premiers traités d'arbitrage, instamment réclamés par nous et obtenus ? Mais nous ne pouvons nous en tenir là ; il faut prévoir les incidents, les retours en arrière et c'est pourquoi nous avons préparé notre organisation internationale. La voici dans ses grandes lignes :

1º Nous continuerons à poursuivre l'Éducation de l'opinion, comptant plus que jamais sur la collaboration des maîtres de l'Enseignement supérieur, secondaire, primaire et de tant d'institutions volontaires admirables, dont les représentants figurent parmi nos premiers adhérents. Nous échangerons entre les différents pays nos conférenciers pour propager les progrès, les découvertes, les innovations dont chacun et tous bénéficient.

2º Grâce à nos relations, nous serons en mesure de rectifier, le cas échéant, les Informations inexactes ou tendancieuses propagées pour égarer l'opinion. Nos membres, renseignés et reliés entre eux, contribueront au maintien de la paix par leur influence sur l'opinion, sur la Presse, sur les Parlements et les Gouvernements eux-mêmes.

3º Nous multiplierons les relations entre Etrangers ; nous établirons le contact entre quantité d'individualités qui se cherchent mais qui s'ignorent et perdent dans l'isolement la plus grande partie de leur confiance et de leur force.

4º Nous continuerons à susciter des voyages, des visites internationales. Nous faciliterons les expéditions scientifiques.

5º Nous encouragerons la pratique des langues étrangères.

6º Nous continuerons à favoriser, en y ajoutant des garanties nouvelles, l'échange des enfants, des élèves, des professeurs, des ouvriers, des artistes, etc..., le placement des jeunes gens recommandables à l'étranger.

7º Un Bulletin périodique, en attendant une Revue Internationale dont la rédaction et la direction sont déjà prêtes, sera le complément naturel de ces différentes innovations et tiendra les adhérents au courant de l'activité générale du Comité.

8º Enfin, le moment venu, nous agrandirons notre domicile actuel ; nous créerons, à Paris pour commencer ce qui manque à toutes les capitales, un foyer dont on peut prévoir les imposants développements et qui sera la Maison des Etrangers ; centre de réunions, de conférences, de congrès, d'auditions, d'expositions ; rendez-vous des initiatives du monde entier...

Ainsi notre Comité constituera grâce à la seule initiative privée, le premier embryon de l'organisation nouvelle qui fait défaut au monde moderne, et sans laquelle le plus puissant, comme le plus faible des Etats ou des individus, n'est assuré d'aucun lendemain.

Si vous approuvez les vues qui précèdent et si vous jugez que les résultats déjà obtenus nous autorisent à en préparer de nouveaux, nous venons vous prier de vous joindre à nous.

Paris, 29 Mars 1905.

La carte qui suit est un des derniers documents établis et répandus par la Conciliation dans tous les pays où elle est représentée, en vue de mesurer les progrès réalisés et de préciser les progrès à poursuivre.   (Février 1909).

UN RÉSULTAT DE LA CONFÉRENCE DE LA HAYE

*Carte présentée par le Ministère des Affaires étrangères de France
à l'Exposition de Londres (Mai-Octobre 1908)*

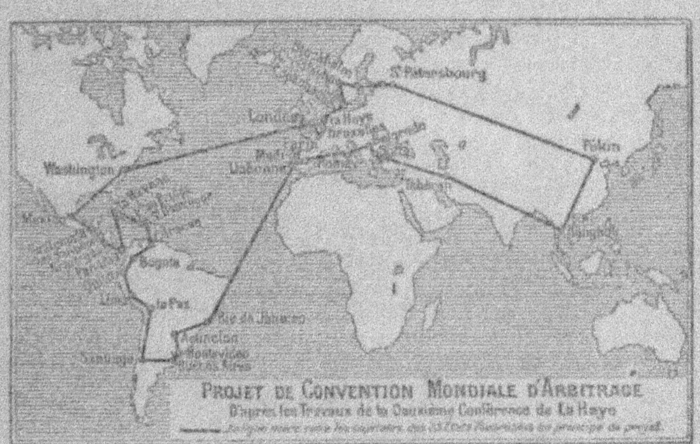

Édité par la CONCILIATION INTERNATIONALE, 119, rue de la Tour, Paris.

A la première Conférence de La Haye, en 1899, le principe de l'Arbitrage Obligatoire avait été posé mais écarté, faute d'une majorité pour le soutenir.

A la deuxième Conférence, en 1907, le même principe, posé de nouveau, est accepté cette fois par 35 Puissances sur 44 Puissances représentées.

Cette majorité, composée de toutes les Républiques Américaines et des États dont les capitales sont reliées entre elles sur cette carte, représente un milliard 285 millions d'habitants et constitue pour la première fois le bloc de la justice internationale et de la paix dans le Monde. La minorité composée de 5 opposants : l'Allemagne, l'Autriche-Hongrie, la Roumanie, la Grèce et la Turquie ; plus 4 abstentions : le Japon, la Suisse, le Monténégro et le Luxembourg, représente 222 millions d'habitants, soit un sixième de la majorité. — Encore les oppositions ou les abstentions ont-elles été motivées par des considérations d'opportunité et non *d'hostilité systématique*.

Il est donc vraisemblable que la troisième Conférence verra tous les États s'unir sans exception par un traité mondial d'arbitrage, comme ils le sont déjà par la convention postale universelle.

Collection de la Conciliation Internationale

1. NOTICE BIOGRAPHIQUE.
2. LE PÉRIL PROCHAIN. L'EUROPE ET SES RIVAUX.
3. CONCURRENCE ET CHOMAGE.
4. LE PÉRIL JAUNE.
5. CONTRE LA REPRÉSENTATION COLONIALE.
6. CONTRE LA PORNOGRAPHIE.
7. POUR L'AGRICULTURE.
8. POUR LES TRANSPORTS.
9. POUR LA LOIRE NAVIGABLE.
10. LETTRES DE LA HAYE.
11. LES RÉSULTATS DE LA CONFÉRENCE DE LA HAYE.
12. LES INTÉRÊTS NATIONAUX.
13. L'ALSACE-LORRAINE.
14. LE TRANSVAAL ET L'EUROPE DIVISÉE.
15. VERS LA FÉDÉRATION EUROPÉENNE.
16. PROGRAMME DU GROUPE DE L'ARBITRAGE.
17. DISCOURS DE BUDA-PESTH.
18. DISCOURS DE CHICAGO.
19. DISCOURS DE LONDRES.
20. LETTRES D'AMÉRIQUE.
21. LE RAPPROCHEMENT FRANCO-ANGLAIS.
22. LE MOUVEMENT PACIFIQUE.
23. ÊTRE UTILE.
24. LA CONCILIATION INTERNATIONALE.
25. LA RÉCEPTION DES SCANDINAVES.
26. L'ORGANISATION DE LA PAIX (*) (Discours et articles) (*)
27. LA POLITIQUE DES TEMPS NOUVEAUX (*)
28. LE MENSONGE DU PACIFISME.
29. POUR LA LIMITATION DES DÉPENSES NAVALES.
30. LA FRANCE POURRAIT-ELLE S'ENTENDRE AVEC L'ALLEMAGNE.
31. LES DEUX POLITIQUES.
32. LE PROBLÈME DE LA PAIX.
33. POUR L'ARBITRAGE. (Traduit et publié en 12 langues)
34. LES CONFÉRENCES CONSULAIRES.
35. LIMITATION DES ARMEMENTS. RAPPORT A LA CONFÉRENCE INTERPARLEMENTAIRE DE LONDRES. (Juillet 1906)
36. L'ENTENTE CORDIALE EST UN COMMENCEMENT.
37. LE DISCOURS DE PITTSBURGH.
38. LES DEUX CONFÉRENCES DE LA HAYE. (*)
39. LA SANCTION DU DROIT INTERNATIONAL, par M. E. ROOT (En Anglais, en Français, en Allemand, en Italien, en Espagnol et en Portugais).
40. L'ENTENTE CORDIALE FRANCO-AMÉRICAINE.
41. LA VISITE DE LONDRES (20-23 Juillet 1908).
42. NOS QUATRE BULLETINS TRIMESTRIELS DE 1908.

Les publications marquées d'une (*) sont en préparation. Les numéros 3 à 15, les numéros 17, 18, 20, 30, sont épuisés (Les numéros 32, 33, 34, 35, 37, 39 sont en plusieurs langues).

www.ingramcontent.com/pod-product-compliance
Lightning Source LLC
LaVergne TN
LVHW021932060726
842528LV00001B/154